目录

人面甲虫

小甲虫，真有趣，
好像日本小武士。
小武士，爱看啥？
最最爱看中国戏。

在新加坡发现一种甲虫，正看像中国戏剧
脸谱，侧看像日本武士。

1

留路标

蚂蚁行军排一条，

留下气味作路标。

后边蚂蚁跟上来，

闻着气味放心了。

　　单个蚂蚁对环境的适应能力并不强，但为什么许多蚂蚁在一起就能应付很多问题呢？原来，蚂蚁所到之处都会留下一种被称为外激素的化学物质，其他蚂蚁可以利用这些化学物质判断自己的路线是否正确，因为这种物质的浓度越大就表明走过的蚂蚁越多，也就说明是一条比较合理的路线。

听金龟子低声呢喃

TINGJINGUIZIDISHENGNINAN

戚万凯◎著

河北出版传媒集团
河北人民出版社

图书在版编目（CIP）数据

地上爬的儿歌：听金龟子低声呢喃 / 戚万凯著. —石家庄：河北人民出版社，2013.6

ISBN 978-7-202-07182-3

Ⅰ.①地… Ⅱ.①戚… Ⅲ.①昆虫—少儿读物 Ⅳ.①Q96-49

中国版本图书馆CIP数据核字（2013）第012595号

书　　名	地上爬的儿歌：听金龟子低声呢喃	
著　　者	戚万凯	
总 策 划	刘成林	
责任编辑	马　丽	
美术编辑	李　欣	
封面设计	陈淑芳	
责任校对	张三铁	
出版发行	河北出版传媒集团　河北人民出版社	
	（石家庄市友谊北大街330号）	
印　　刷	三河市南阳印刷有限公司	
开　　本	890毫米×1240毫米　　1/16	
印　　张	10	
版　　次	2013年6月第1版　2016年6月第2次印刷	
书　　号	ISBN 978-7-202-07182-3 / G·2938	
定　　价	28.60元	

养蚜虫

小蚂蚁，搞养殖，
蚜虫养到牧场里。
为啥喜欢养蚜虫？
养了蚜虫有糖吃。

　　人们早已知道蚂蚁喜食蚜虫腹部分泌的液汁。养蚜虫是蚂蚁辛劳从事的畜牧业。它们首先将蚜虫卵运入蚁穴，时时精心呵护。秋天孵化出的小蚜虫被细心运送至嫩枝上，再花力气兴建牧场。蚂蚁们在聚有许多小蚜虫的枝条周围用土粒围成"工事"，成为特殊的"牧场"。"工事"留有出入门，并有蚂蚁在此站岗放哨，以保护畜牧业兴旺，取得丰收。若有异族入侵，就可能爆发大规模战争，数以万计的兵蚁群起而攻之，不把敌害驱逐出境决不收兵。

蜻蜓出门谁害怕

蜻蜓上班出了门，
带上一副广角镜，
铁夹钳，随身带，
脚笼准备装点心。
蜻蜓出门谁害怕？
大蚊子和臭苍蝇。

蜻蜓的眼非常发达，它那两只大眼由两万多个眼组成。因此，虽然它的眼睛不旋转，急速飞行时，也能很清晰地看到周围的情况，特别是自己前方的物体。蜻蜓的颚很坚硬，能够不费力气地咬碎甲虫。胸部很发达，6只脚生在胸的前方，若把6只脚相聚，就好似一只笼子。因此，空中的飞虫一旦被它捕获，正像落入笼中一般，很不容易逃脱。它一边飞，一边吃，一小时能吃掉20只苍蝇或840只蚊子。

侦察机

蜻蜓驾驶侦察机，
飞到东来飞到西；
蜻蜓驾驶战斗机，
捕捉苍蝇和蚊子。

　　蜻蜓在空中飞舞，好似一架架飞机，但飞行技巧却远远高于现在的任何一种飞机。它们能够忽上忽下、忽快忽慢地飞行，能够稍稍抖动一下翅膀就来一个180度的急转弯。它可以悬在空中不移位，这个绝招，大多数以飞行著称的鸟类也望尘莫及。它可以长途飞行，一小时飞行60千米～70千米而不着陆，也可以在急剧飞行中突然降落，停在一个尖尖的树梢上，瞬间又飞得无影无踪。所以，蜻蜓被称作"飞行之王"。蜻蜓专门捕食各种小型蛾类、浮尘子、稻飞虱、蝇、蚊等昆虫。

蚂蚁自述

我们品种近一万，
已经生活一亿年。
地球生物总重量，
我们家族占一半。
木蚁后，是寿星，
可以活上二十年。
我们都是大力士，
不信你我比比看。

　　无处不在的蚂蚁在地球上已经生活了至少1亿年。更令人吃惊的是，据科学家估计，蚂蚁的重量占了地球上所有生物重量总和的一半！地球上现在已知的蚂蚁品种近万，是拥有最大脑袋的昆虫之一。约有25万个脑细胞，而人类的脑细胞则有100亿个。最长寿的蚂蚁是木蚁后，一般可活过20年。蚂蚁还是昆虫界的"大力士"，能够搬起超过自己体重20倍的物体。

饼干渣

前面有块饼干渣，
快把消息传回家。
小蚂蚁，碰碰头，
不用广播和喇叭。

我们最容易观察到的，就是蚂蚁以身体接触来传讯，例如轻拍、轻抚。有时以前脚轻摸同伴的上唇，同伴就会吐出流质食物供应。蚂蚁也能以声音传讯，不过是从腹部表面的发声板发出的摩擦声，频率很高，我们的耳朵听不见。蚂蚁也不"听"，它们是以脚上的侦测器接收声波引起的土壤振动。蚁巢崩塌后，深陷地底的蚂蚁就会"尖叫"，让同伴来救援。蚂蚁主要以化学信号通讯。它们全身有许多腺体，分泌费洛蒙。例如找到食物的工蚁，回巢时一路上腹部末端会分泌费洛蒙，以此引导同类。

墙壁当饭吃

小塔蚁，饿肚子，
家里墙壁当饭吃。
墙壁慢慢吃空了，
轰的一声倒下地。

非洲沙漠里的塔蚁以善于做窝著称。它们的窝叫蚁塔，做在地面上，高达3米以上，远远望去，像一座小金字塔。塔蚁使用的建筑材料最为奇特，它们用自己的唾液拌和一种面粉似的物质黏合而成，干了就成为坚实的塔壁。塔里面洞房密布，巷道四通八达。特别奇妙的是这些建筑还可以吃。慢慢地，食蚁塔被蛀空后，如遇突发暴风的袭击、骤雨的冲刷，蚁塔就会立即崩塌，瞬息之间整个建筑就成了塔蚁王国的坟墓。残存的塔蚁四散奔逃，再重新组合，慢慢地寻找地方建造新的蚁塔，重演悲剧。

大军扫荡

魔鬼蚁，来扫荡，
扫平树林和村庄。
人畜被它咬一口，
"咚"的一声倒地上。

　　一群浩浩荡荡的蚂蚁大军，像一片黑云向美洲大陆席卷而去，所到之处，村庄、树林均化为一片废墟。因为这种蚁的毒液比眼镜蛇厉害一百倍，人畜被咬上一口，会立即丧命，因而人们称它为"魔鬼蚁"。魔鬼蚁的寿命只有6星期左右，然而，它们由成千上万个蚁团组成，并且携带着各自的蚁后，一边前进，一边大量繁殖，使"魔鬼"的阵容逐渐壮大。

马蜂叔叔在休息，

床铺被人捅下地。

马蜂一见捣蛋鬼，

追上前去用针刺。

"叫你捅，叫你捅，

这次我可不饶你。"

叫你捅

　　俗话说："捅了马蜂窝，定要挨蜂蜇。"马蜂蜇人，名不虚传。即使是一些不知名的马蜂，自卫的本能和警惕性也很高，只要侵犯了它们的生存利益，担任警戒任务的马蜂，会立即向你袭来。一旦被一只马蜂蜇了，就会很快遭到成群马蜂的围攻。这是因为马蜂蜇人时，蜇针与报警信息素会同时留在人的皮肤里。人被蜇后的最初反应是捕打，信息素的气味便借助打蜂时的挥舞动作扩散到空气中，其他马蜂闻到这种气味后，即刻处于激怒的骚动状态，并能迅速而有效地组织攻击。

种蘑菇

切叶蚁，学技术，
建起作坊种蘑菇。
大蘑菇，吃不完，
送给婆婆和姑姑。

不要小瞧蚂蚁。它们除了四处寻找现成食物外，还会从事农牧业，以取得精美的食粮。有一种切叶蚁，会用钳刀似的大颚把叶片全张切下。切叶蚁切叶并非直接吃叶，而是为种植蘑菇备足原料。切叶蚁蚁巢内专门建有蘑菇生产作坊。它们把叶片运进作坊后，用颚钳把叶片嚼碎，然后在上面排泄粪便施肥。待蘑菇生成、长大，切叶蚁就将其啃破以吸食黏液。蘑菇被吸去黏液后，慢慢生成蛋白质，又可作为切叶蚁营养丰富的食品。雌蚁出嫁成家，也在自己嗉囊里装上蘑菇孢子，以备建立新的蘑菇作坊。

搭 桥

翘尾蚁，搭座桥，
什么桥？蚁索桥。
两棵树，来回跑，
不用下地弯弯绕。

翘尾蚁为了在树上捕捉其他小虫为食，它可用细长而有力的足在树冠的枝叶上奔跑。如两树相距较近，为免去长途奔波之劳，它们能巧妙地互相咬住后足，垂吊下来，借风飘荡，荡到另一棵树上去，搭成一条"蚁索桥"。为了能较长久地连接两树之间的通途，承担搭桥任务的工蚁还能不断替换。

蜻蜓驾机

蜻蜓驾机真平稳，
蜻蜓笑笑说原因：
"我的翅膀有黑痣，
有它飞行就平衡。"

蜻蜓翅膀末端的前缘有一块深色加厚的色素斑，好像一块黑痣(昆虫学上叫翅痣)，这是蜻蜓用来克服飞行时产生"颤振"的装置。如果我们把这块黑痣切除后再放飞，就会看到它飞得荡来荡去，没有原先那样平稳了。人们发现蜻蜓的这个秘密以后，就把它借用到飞机上，在飞机两翼末端的前缘，制成一块加厚区，或者加上"配重"装置，这样就消除了有害的"颤振"现象。

赶衣鱼

衣鱼书里呆，
要把书毁坏。
我要赶走它，
把它抖下来。
喷药杀死它，
通风阳光晒。

衣鱼要蛀书籍。如何对付衣鱼？最重要的是，藏书的地方要通风、洁净、干燥、少尘，还要经常整理、翻动书籍，把衣鱼从书缝里拍打、抖落出来杀死。也可以用药杀死，或在阳光下暴晒这些书籍。

宝贝怀了一年半

蝎子妈妈怀宝贝，
辛辛苦苦不觉累。
一怀怀了一年半，
爸爸见了来安慰：
"时间长点没关系，
生个聪明好宝贝"。

蝎子最有母爱。雌蝎子受孕后，约需一年半的时间孕育其后代，这么长的孕期只有大象可以与之相比。雌蝎不产卵，而是将卵留在体内孵化，然后直接把小蝎子生出来。小蝎子一离开母体，便会本能地爬到妈妈的又平又宽的背上去。它们要在母亲的背上生活、爬行约2到6周，才能长好外部器官。

聊 天

小毛虫，来吃饭，
边吃饭，边聊天。
聊的啥？我知道：
这张叶子很新鲜。

毛虫无声无息地咀嚼树叶，它看起来好像是一种异常安静的昆虫，但研究表明，毛虫也是有交流的，它们通过声音来交流。毛虫间存在着互相的敲击。当有入侵者接近时，毛虫会用它腹部处浆状物，通过摩擦树叶而发出刺耳声音以警告侵略者。如果那样还不够阻止侵略者的话，毛虫会用其下颚拍击和摩擦树叶。如果还不奏效，那么一场决斗就会爆发。

巡逻

草蛉像雄狮，
天天巡逻去。
蚜虫一碰见，
屎尿流一地。

草蛉幼虫捕食蚜虫，其捕食动作迅猛，捕食量大，因此被誉为蚜狮。

上床睡觉

昆虫上床去睡觉，
竹节虫儿把头摇：
"这些床铺都很短，
看来我得另外找。"

在印尼的森林里，生活着一种巨型竹节虫，体长达33厘米，比铅笔还要长。在昆虫王国100万种昆虫中独占鳌头，世界上最长昆虫的桂冠非竹节虫莫属。

捉迷藏

竹节虫，藏树上，
找得鸟儿心发慌。
只见满眼树和叶，
竹节虫儿在何方？

竹节虫是最善于伪装，具有高超隐身术的昆虫。当它爬在植物上时，能以自身的体形与植物形状相吻合，装扮成被模仿的植物，或枝或叶，惟妙惟肖，如不仔细端详，很难发现它的存在。所以名为竹节虫。同时，它还能根据光线、湿度、温度的差异改变体色，让自身完全融入到周围的环境中，使鸟类、蜥蜴、蜘蛛等天敌难以发现它的存在而安然无恙。

吃牛肉

萤火虫，吃蜗牛，
吃不完，招招手：
"小朋友，来来来，
我们一起吃牛肉"。

萤火虫是好客的。等待猎获物钉螺蛳和蜗牛失去知觉后，再邀请上一些同伴，客人们三三两两地跑来了，同主人一起享受美餐。一只蜗牛，可以供它们吃两三天。

变魔术

蚕宝宝，穿花衣，

变魔术，真神奇：

嫩桑叶，吃进去，

吐出根根小白丝。

　　桑叶含有各种制造蚕丝的原料。蚕吃进桑叶以后，就分泌消化液和各种酶素来分解桑叶，把蛋白质、脂肪、糖类、矿物质等吸收，然后制成液体，从嘴巴旁边的小洞吐出来。这些液体一遇到空气，就凝结成固体的丝了。

悄悄躲进米缸里

小米虫，爱吃米，悄悄躲进米缸里。

不劳动，不学习，庸庸碌碌过日子。

南方人以吃大米为主，因南方气温高大米很容易生虫，每年七八月盛夏季节，在家中的米缸里常出现芝麻粒大小的米蛀虫。如果仔细看看这些米蛀虫，就可见到小虫身体వ坚硬，圆筒形，棕红色。在放大镜下看，就更有趣了，它的头部前面长了个与大象鼻子一模一样的喙，因此，又称它是象鼻虫。米虫里的象鼻虫有两种：玉米象与米象。这两种虫喜欢往角落里躲藏。所以在米的表层我们一般不易发觉它。它们的成虫有装死性，一碰就装死不动。成虫食性较广，谷类、薯类以及干果、药材等都吃。它们的幼虫乳白色、柔软、身体肥大，喜欢蛀食米粒，我们在淘米时受蛀食而浮在水面上的米粒，就是它们所蛀害的。

米

发信号

大乌柏蚕女朋友，
想念她的男朋友。
一千米外发信号，
男孩听了出门走。

所有的动物如果要繁衍下一代，都必须寻求配偶。当想吸引配偶时，雌性大乌柏蚕会释放出一种叫作信息素的化学物质。其他的动物觉察不到这种物质，而雄性大乌柏蚕的头部具有一些特殊的感觉器官，它们的触须能将这些信号接收下来。雄性大乌柏蚕的触须大而柔软，状如羽毛，有多达1万个接收器，非常敏感。利用它们，雄虫能收集到雌虫远在1.5千米以外释放的化学信号。

23

卖油郎

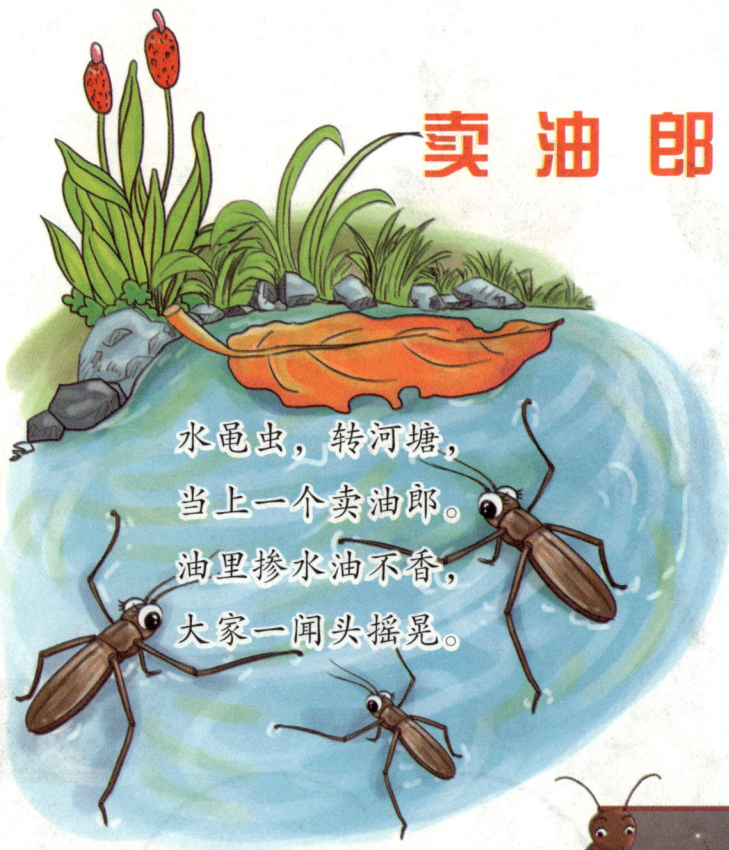

水黾虫，转河塘，
当上一个卖油郎。
油里掺水油不香，
大家一闻头摇晃。

夏秋季节，湖塘或河溪上有一种黑色的小虫，伸展着又细又长的腿，以飞快的速度在水面上滑行。这种能在水面上自如滑行的小虫叫水黾。因为它在水面上滑行跳跃时激起的波纹，很像油滴落在水面后扩散的样子，所以，人们又管它叫"卖油郎"。水黾能够在水面上滑行，是同水面特有的张力和它身体具有的特殊构造分不开的。

开饭啦

地老虎娃娃，

喜欢偷庄稼。

嫩苗拖地洞，

大家开饭啦。

穴居在地下的害虫，就数地老虎最臭名昭著了。地老虎的幼虫非常厉害，它的几对腹足上生有15个～25个带有钩的趾，地上的植物被钩住后，便拉入土中取食。它对农作物的幼苗最为嗜好，更可恨的是它将幼苗的心咬成针孔状，最后把植物的茎株咬断。每当地老虎成灾时，成百上千亩的农作物嫩苗在一夜之间便被糟蹋光。

对着天空发指示

沙漠甲虫有本事，对着天空发指示：

"空气水分不要走，快快来到我这里。"

空气水分真听话，来到水缸聚一起。

英国的科学家通过研究一种沙漠甲虫，发明了在干旱地区的集水装置。这种甲虫来自非洲西南部的沙漠，那是地球上最炎热、最干燥的地区之一。沙漠甲虫之所以能在如此恶劣的环境中生存是因为它的背甲上有众多的突起和凹槽，由亲水物质构成的突起部分收集空气中的水分并把它引入到不亲水物质构成的凹槽中，由此产生的灵感直接导致了新型集水材料的诞生。将这种装置安装在沙漠地区可以缓解吃水难问题，还可以吸收空气中的水分增加能见度。从某种意义上说，人类应该感谢昆虫。

小强盗

锯谷盗，是强盗，
什么东西它都要：
黑木耳、巧克力，
饼干、人参和红枣……
娃娃跟着爸妈学，
长大就是小强盗。

黑木耳、莲子、红枣等储藏副食品常会受锯谷盗危害。锯谷盗是一种小甲虫，约芝麻粒大小，背两侧为锯齿状，身体扁平易钻蛀。成虫活泼，爬行快，寿命长达3年以上，产卵量大，产卵期长达2个多月，幼虫发育快。因而一旦发生，数量往往很大。此外，锯谷盗对高、低温都能适应，甚至连饼干、月饼、淀粉、人参、当归、巧克力也危害。

找花

昆虫找花看颜色，昆虫找花看形状，

昆虫找花闻气味，昆虫找花味觉尝。

色形味香来判断，要找的花儿在身旁。

花的颜色是引导昆虫寻花的标志。昆虫寻花的本领可用色、形、味、香4个字来概括，经过对花的颜色、形状、气味、滋味一系列的判别，才能从万花丛中找到自己所需要的花。

采花请到门里面

勿忘草，举黄圈，

昆虫见了好喜欢。

黄圈好像一扇门，

采花请到门里面。

勿忘草蓝色花朵的中间有一个黄色的圈，这个圈是干什么用的呢？这个圈是在向昆虫们暗示：到这儿来采蜜。原来勿忘草花的这个黄圈所在的地方，正是它分泌花蜜的地方的入口，黄色圈使昆虫和勿忘草之间达成了一种默契，勿忘草用黄圈向昆虫示意：朝着这个黄圈走吧，肯定会有收获。

养奴隶

蓄奴蚁，最好战，
冲进他人家里面。

蚂蚁宝宝抢回家，
长大给他把活干。

在昆虫世界里，有一种虫竟靠掠夺、蓄养奴隶而生，这就是生活在南美洲的蓄奴蚁。这些强悍而又懒惰的蓄奴蚁向邻近的其他蚂蚁发动进攻，闯入其他蚂蚁的蚁巢，将其他蚂蚁的幼虫和蛹抢夺到自己的巢里来。这些幼虫和蛹在蓄奴蚁的巢中长大以后，就成了蓄奴蚁蓄养的"奴隶"。它们专门替蓄奴蚁造巢、觅食、抚育幼虫、打扫卫生等。蓄奴蚁这些懒汉，如果没有"奴隶"蚁去侍喂它们，即使食物就在眼前，它们宁愿饿死也不肯自己张口取食。

快要当妈咪

螺蠃快要当妈咪，

树上筑间小房子。

田野找来菜青虫，

拖进洞里当粮食。

娃娃生下别担心，

不会让你饿肚子。

　　螺蠃是一种腰身细长的细腰蜂。当它要生育子女的时候，它便不辞辛苦地衔来泥土，在树上或屋角精心筑起一个口小肚大的壶形巢。等巢筑好以后，它又急急忙忙地飞到外面去，在菜田里、庄稼地旁寻觅。当螺蠃发现一只吃得又肥又胖的菜青虫以后，它便马上飞过去，先咬住菜青虫的头部，然后再用自己尾部的长针状的产卵器，刺上一针"麻醉剂"，抓起它飞回自己的巢里。就这样，一次又一次，直到里面贮藏了六七条菜青虫以后，螺蠃才在巢里产卵，然后将巢口封闭起来。那些被麻醉的菜青虫只是运动神经被麻痹，动弹不得，而不会死去。你看，螺蠃妈妈把自己子女的生活安排得多么周到啊！

啃金属

昆虫嘴巴像夹钳，
表演咬穿金属片：
熊蜂狠狠咬铅片，
甲虫轻轻咬锡片。
别看皮蠹身子小，
一钻钻穿铁水管。
黄铜铝片不敢咬，
看来嘴巴还要练。

昆虫能啃金属片？自古以来被认为是一种神话或者笑料。现在，事实已经证明，熊蜂能咬穿铅片危害电缆，胡蜂能啃穿43毫米厚的铅匣壁而逃之夭夭，甲虫能用颚花36小时把一张0.2毫米的锡片啃穿而溜走，体长不到8毫米的皮蠹能钻穿水管。但并非所有的金属昆虫都有啃穿的本领。对于黄铜和铝，昆虫们只能无可奈何了。

小甲虫，上战场，
带上一挺机关枪。
屁股一翘就射击，
百度高温滚又烫。

机枪手

在哥伦比亚，有一种叫"布拉西努斯"的甲虫。它的尾部会喷射出一股高温液体，带有芳香味，同时发出一种"噼啪"的响声，像小机枪在实弹射击。经测定，混合化学物的温度为100℃。当肌肉瓣进行压缩并向外喷射时，喷口的温度还要高些，这是一种携带混合气体的沸腾液体。"布拉西努斯"甲虫奇特的本领，在动物王国中是独一无二的。这种"化学武器"不但能将蚂蚁、螳螂、青蛙和老鼠等驱逐出境，连那些身披"盔甲"的犰狳也望而生畏。

黑名单

昆虫天敌真不少，
黑名单上来记好：
山雀鸟、食蚁兽……
猪笼草、捕蝇草……
昆虫夜夜做美梦，
天敌个个全报销。

像其他动物一样，昆虫也有天敌，所以它们不能无忧无虑地生活。昆虫的天敌有植物，也有动物。自然界生长着一些独特的植物，它们长着特殊器官，能把某些昆虫捉住并慢慢"吃"掉，比如猪笼草、毛毡苔、捕蝇草等。许多具有独特习性的动物，更是昆虫的一大威胁，像一些鸟、蛙、兽等，都能大量捕食昆虫。鸟类中捕食昆虫的捕食能手是山雀，被称为"果园卫士"；兽类中的捕食能手大概是食蚁兽，只要它一出现，白蚂蚁就会遭到灭顶之灾。

卷心菜当产房

菜粉蝶，要当娘，

卷心菜，当产房。

菜青虫，生出来，

卷心菜，遭了殃。

菜粉蝶对卷心菜和芥菜特别感兴趣，它一闻到芥子油的味道就立即飞来了。菜粉蝶能够凭嗅觉毫无偏差地找到卷心菜和芥菜。它不光要吃，还要在叶背上产卵。一只菜粉蝶一生大约产卵500粒，卵孵化后成为菜青虫，专吃菜叶。毫无疑问，菜粉蝶是害虫。

扑 火

蚂蚁去当消防兵，

一见火光就前进。

吐蚁酸，扑灭火，

不怕烧伤和牺牲。

    法国有一位动物学家对一种蚂蚁作了非常有趣的实验。他把一支点燃的蜡烛放入这种蚂蚁的穴中，令人惊奇的是，蚂蚁们不是惊慌地逃走，而是迅速地冲向蜡烛，奋不顾身地用口喷洒蚁酸去灭火。虽然有不少蚂蚁在救火中死伤，但是蚂蚁们仍前仆后继，继续救火，决不后退。它们从封锁火道到将火扑灭，只花了一分钟时间。火灭之后，蚂蚁穴中又恢复了正常的秩序。救火中光荣牺牲的蚂蚁被抬到穴外举行隆重的葬礼。

斑蝥上前线，
会打地道战。
小虫到门口，
大牙当夹钳。
钳住小虫子，
拖进洞里面。

地道战

斑蝥又叫虎（虫甲），它的幼虫是一个打"地道战"的好手。它的"地道"是一个几十厘米垂直的洞，在洞中，它要度过自已幼年的生活。当斑蝥幼虫捕食的时候，它就爬升到洞口，用背部的一个倒钩将身体固定住，只把一对大牙露出洞外，等待一些小虫来自投罗网。这种"守株待兔"式的捕猎方法，虽然很难保证老有猎物上门，但是一旦有小虫来到近前，它就用大牙猛然钳住猎物，拖入洞中吃掉。当遇到危险的时候，它只要将背部的倒钩一收，身体就会直落入洞底，逃过灾难。借助这条攻守自如的"地道"，斑蝥幼虫就可以平安度过幼年时代，直到变为成虫才离开。

买衣裳

枯叶蝶，买衣裳，
花花衣裳瞧不上。
挑上一件枯叶衣，
出门生命有保障。

枯叶蝶，你为什么不去买件漂亮的翅膀外衣？

因为这样更安全啊！

　　枯叶蝶是一种长相非常奇特的蝴蝶。它的翅膀背面呈枯叶的颜色，并具有类似叶脉的条纹，更绝的是翅膀上的斑点极像霉斑，就如树叶被病菌感染后长出的病斑。它在休息或者受到惊吓的时候，会将翅膀合拢，露出酷似枯叶的背面。不仔细观察的话，你一定会误认为它只是一片枯叶而已。当它的双翅竖立不动时，宛如一片行将飘落的"枯叶"。只要有风吹草动，刚才还是一片"枯叶"，瞬间成了一只姿色艳丽、体态轻盈、翩翩飞舞的"花朵"了。

上宴席

蜻蜓和甲虫，

白蚁金龟子，

蟋蟀蝗虫卵……

个个哭鼻子。

为啥哭鼻子？

哎呀就要上宴席。

昆虫占地球生物总量的90%，是人类高蛋白食品的天然资源。目前，人类食用的昆虫量还很少，主要有非洲人食用白蚁，厄瓜多尔人食用金龟子、长角甲虫、蝉幼虫，南美洲人食用蜻蜓、毛虫、蜜蜂和甲虫的幼虫，北美洲人食用蝗虫卵、蝗虫的成虫和幼虫，菲律宾人食用蟋蟀、毛虫、蜻蜓、甲虫幼虫。我们中国的养蜂人，很喜欢吃蜜蜂蛹。有的地方，蚕蛹、蝉蛹等成了人们的美味佳肴。看来，吃昆虫之风势不可挡。

吊死鬼

尺蠖妹妹胆子小，
敌人一来吓慌了。
赶快吐丝往下掉，
吊在半空不动了。
好像一个吊死鬼，
敌人一见吓一跳。

尺蠖是尺蛾的幼虫。为了保护自己不被天敌吃掉，尺蠖拿手的本领就是装死。当它受到惊吓或敌害攻击的时候，它便立即吐丝从树枝上滚下来，身体僵直，悬吊在空中，一动也不动，就像一具僵尸。等到危险过去，它才"复活"，扭动着身体盘绕丝线，使身体上升，回到原来的枝叶上继续为害。尺蠖这种奇特的装死避敌的本领，又使它有了"吊死鬼"这个不光彩的名字。

穿鞋子

蜈蚣虫，去赶集，清早起床穿鞋子。
鞋子穿了一半天，集市散了还没去。

非洲的蜈蚣虫，也称千
足虫，有175个环节，每节有
两对脚，共有脚700只。其脚
之多，居动物之首。

敌人飞来给它看

蝴蝶有个大眼斑，
平时藏好不露面。
敌人飞来给它看，
吓得敌人快飞远。

如眼蝶、峡蝶等蝴蝶，平时以灰枯色的反面翅出现，很难被发现。受到攻击时，突然张开双翅，露出大眼斑，吓跑敌人。日本一个昆虫学家据此将画有"大眼睛"的气球放在稻田与果园，鸟类就不再光顾了，他随之而成为著名的"驱鸟专家"。全日本航空公司为解决飞机与鸟相撞的问题向他请教，他在38架客机的发动机风扇叶片转轴上画上"魔眼"，结果事故大大减少。

定方向

花蝴蝶，定方向，
太阳光，来帮忙。
阳光不来怎么办？
体内罗盘派用场。

　　以前，人们以为蝴蝶是漫无目的地从一朵花飞向另一朵花的。这种观点是错误的。蝴蝶能巧妙地建立一个定向机制，这个机制利用光、偏振光或体内罗盘来发挥作用。以前的研究已表明，太阳对定向有一定的作用。在没有阳光的情况下，迁徙性昆虫是借助体内罗盘进行导向的。

花螳螂

花螳螂，举大刀，
鲜花丛中隐藏好。
蜜蜂嗡嗡采花蜜，
掉了脑袋不知道。

在马来西亚有一种花螳螂。这种粉红色的花螳
螂，不但身体长得十分像花瓣，就连它的那两只令
人生畏的前足，也模拟得同花瓣极其相似，远远看
上去就像是一朵美丽的花朵。当它隐身于花丛之中时，哪
个是花，哪个是虫，真是令人无法分辨。一些采食花蜜的
昆虫，被这朵"鲜花"所吸引，前来采蜜，却
万万没有想到竟会自投罗网，葬身于这朵"鲜
花"挥动起的两把"大刀"之下。

潜水员

龙虱到水下，
缺氧也不怕。
身背氧气瓶，
捉鱼又捉虾。

在千奇百怪的昆虫世界里，有一种浑身黝黑、其貌不扬的甲虫可以潜入水中很久，追捕小鱼、小虾为食，而不会被水淹死。这种奇异的甲虫叫龙虱。你可能会想，它一定有什么特异的功能吧？对，它有这么高强的潜水本领，靠的是身上一个像氧气瓶似的"装置"。龙虱背上它，就可以像潜水员一样，在水下自由自在地遨游了。龙虱的"氧气瓶"构造很奇特，它藏在坚硬的鞘翅下，是个专门用来贮存空气的贮气囊。

去旅游

大桦斑蝶去旅游，

一到春天北方走。

秋天到，回家园，

娃娃紧跟不落后。

大桦斑蝶是生活在美洲大陆的一种蝴蝶。这种蝶有一个怪异之处，就是每年一到春季就集体行动，成群结队地开始长途旅行，不远千里飞到北方，有的甚至要行程3000多公里。它们到北方交尾，直至初夏时成为亲蝶。秋天，新一代的大桦斑蝶又按照父辈的路线，成群结队地飞回南方过冬。

不见树木不生娃

凤蝶阿姨要当妈，
不见树木不生娃。
找到一棵芸香树，
生下孩子笑哈哈。

　　凤蝶在繁殖期产卵很讲究，它专门选在芸香科等类树木上面产卵。凤蝶在产卵时，一边飞一边用触角探测，测到合适的树木就落到叶子上，用能辨别气味的前脚触摸，弄清它是否是芸香科树木。如果发觉气味不对，它绝不在这里产卵。为什么凤蝶一定要选择到理想的树木才肯产下宝贵的卵？是因为它的孩子们必须吃芸香科树叶长大。凤蝶一生从不选择同一棵树产卵，它一生大约产100颗卵。

两只翅膀

蝴蝶爸妈生娃娃，
娃娃翅膀两种花：
一只翅膀像爸爸，
一只翅膀像妈妈。
取个名叫阴阳蝶，
哈哈，哈哈。

同种蝴蝶交配后，产生的后代的双翅中，一只翅膀显示出雄性特征，另一只翅膀显示出雌性特征，这样的蝴蝶被蝴蝶界称为阴阳蝶。2002年，江西省人工培育出了阴阳蝴蝶。蝴蝶专家认为，这是罕见的成果，为研究阴阳蝶打开了神秘之窗。

赏雪景

阿波罗绢蝶，
爱把裙子穿。
贴在地面慢慢飞，
高山雪景真好看。

绢蝶以秀丽清雅而备受人们喜爱。绢蝶翅白色或稍带淡黄色，半透明，前翅有几个大黑斑，后翅有两个大而鲜明的红斑，红斑中心为白色，红斑围以黑边，更增添了娇美。绢蝶都生活于高山，有很强的耐寒力，有的在雪线上活动，飞翔时紧贴地面，缓缓而飞，好像在悠悠赏雪，因而较易捕捉。

49

隐身术

木叶蝶，上少林，
隐身术，学得精。
停在树上像枯叶，
敌人来了骗敌人。
飞在花丛变花朵，
看得敌人花眼睛。

木叶蝶生活在我国长江流域，它翅膀的正面，色彩和斑纹非常美丽；而反面，色彩和斑纹十分难看，就像一片枯叶。当木叶蝶停在树枝上休息时，双翅紧紧地竖立在一起，把反面露出在两边，看上去就像一片有叶柄的真正的枯叶。这样，敌害就很难辨别出它是蝴蝶还是叶子。当它在花丛中飞舞时，就露出双翅正面，看上去跟花儿一样美丽，敌害也很难区分出它是花还是蝶。木叶蝶就是这样巧妙地变换着"隐身术"，迷惑敌害，保护自己，繁殖后代。

等人来

夺命蝶，真厉害，
藏山林，等人来。
咬伤人，吸鲜血，
好像我们吸鲜奶。

人们在巴西的一个山区发现了一种吃人蝴蝶，它们栖息在山区的密林中。如果有人与这种蝴蝶遭遇，它们会成群地猛扑过来，将人包围住。在人挣扎的同时，蝴蝶便会将人咬伤，然后在伤口处吸吮血液，将人活活折磨死。

不达目的不回乡

黑脉金斑好儿郎，
展翅飞越大西洋。
六千公里不休息，
不达目的不回乡。

黑脉金斑重量只有五分之一克，一小时能飞5公里，能在6公里外嗅到它所喜爱的花和对象所发出的气味。这种色彩斑斓的蝴蝶原生地在美洲，在欧洲也可找到它的踪迹，在繁殖期时它有可能在夏天越过大西洋，它可以不停顿地飞越6000公里。在做这样的飞行时，它就像大多数飞鸟一样凭借体内的某种指南针辨别方向。

姐妹俩

蝴蝶姐姐爱白天，
翩翩飞舞花丛间；
飞蛾妹妹爱夜晚，
围着灯光绕圈圈。
蝴蝶飞蛾两姐妹，
只有姐姐我喜欢。

蝴蝶和蛾非常相似，但不难区分。蝴蝶拥有苗条的身材、阔大的翅膀和纤细的触角。蝴蝶的触角为棒状。它们喜欢在白天活动，在花间飞舞。休息时，蝴蝶的翅膀会竖立在身体上面。蛾的身体比较粗笨、翅膀较小、触角粗大。蛾的触角为鞭状，顶端纤细，不膨大。它们多数在夜晚活动，喜欢绕着火光或灯光打圈子。蛾休息时，翅膀就会垂在身体两侧。

嗡嗡~

飞行员

天蛾飞行员，
驾驶直升机。
驾机去干啥？
到处采花蜜。

天蛾和普通的蛾类、蜂类等小动物不一样，天蛾在舐食花蜜时并不是直接落到花瓣上，而是像直升飞机一般悬在紧靠花丛的空中，然后伸出它又长又细、富有弹性的舌头，将舌头插入花朵中采蜜和传授花粉。天蛾的舌头往往比它的身子要长许多，在平时，它把长舌头卷绕在嘴巴里，只有在采蜜时才将它伸展出来。

调皮鬼

鬼脸天蛾真调皮，
身穿一件灰黑衣。
见人它就扮鬼脸，
最最喜欢恶作剧。

有一种昆虫背部的图案像张脸，而且像传说中的鬼脸，很恐怖吧？它的名字也因此而生——鬼脸天蛾。鬼脸天蛾的幼虫叫茄天蛾。茄天蛾的身体呈灰黑色，上面有黄色斑纹，腹部黄黑相间，在中胸背部却形成了鬼脸的样子，真是自然之作。

跳 8 字 舞

侦察蜂，去侦察，

回到家里地上趴。

跳上一个8字舞，

兄妹一摸知道啦。

　　在蜜蜂的社会生活中，工蜂担负着筑巢、采粉、酿蜜、育儿的繁重任务。大批工蜂出巢采蜜前先派出"侦察蜂"去寻找蜜源。侦察蜂找到距蜂箱100米以内的蜜源时，即回巢报信，除留有追踪信息外，还在蜂巢上交替性地向左或向右转着小圆圈，以"圆舞"的方式爬行。

　　如果蜜源在距蜂箱百米以外，侦察蜂便改变舞姿，呈"∞"字，所以也叫"8字舞"或"摆尾舞"。如果将全部爬行路线相连，直线爬行的时间越长，表示距离蜜源越远。直线爬行持续1秒钟，表示距离蜜源约500米；持续2秒，则约1000米。

穿蓑衣

雌蓑蛾，不下地，
保护自己穿蓑衣。
蓑衣穿上不脱掉，
一直穿到坟墓去。

在自然界里，有一种昆虫从出生的那天起，便开始为自己纺织一件"蓑衣"，并且把它穿在身上生活。以后，就是长大、婚配、产卵，完成繁衍后代的任务，直至生命结束的那一天为止，它一时一刻也不肯脱下这件"蓑衣"。这种脾气古怪，穿着"蓑衣"过一生的虫，就是蓑蛾的雌虫。蓑蛾粗糙的外套，很像是农民用来遮挡风雨的蓑衣。"蓑衣"很奇妙，可以随着蓑蛾幼虫的不断长大而加宽加长。雌蓑蛾穿着"蓑衣"过一生，是为了保护自己。

当强盗

骷髅天蛾当强盗，
大摇大摆进蜂巢。
模仿蜂王发声音，
工蜂一听忙让道。
钱不要，财不要，
香甜蜂蜜吃个饱。

在昆虫王国里，有几种昆虫像小偷一样，靠不光彩的手段窃取其他昆虫的劳动成果为生。骷髅天蛾就是"盗贼"之一。骷髅天蛾的模样十分难看，身上长着黑色的花斑，就像背上背着个骷髅。它很喜欢吃蜂蜜，常常大摇大摆地混入蜂巢，用自己的长吻和触须摩擦，发出一种很像蜂王发出的"呜呜"声。那些只认声音不辨模样的工蜂们，还以为是蜂王大驾光临了呢，忙往一旁退避。于是这个假冒的"蜂王"就毫不客气地大吃大喝上一番，直到再也吃不下，才溜之大吉。

我往厕所走

小蜜蜂，真是逗，

不怕香，就怕臭。

蜜蜂后面来追我，

我就快往厕所走。

蜂类害怕臭味。当蜂群追赶你的时候，你拔足狂奔，那是逃不掉的，最好是奔向厕所或化粪池，穷追的蜂群赶到附近则都停翅不前，不敢逼近臭源。

蜜蜂预报员

天气怎么样？蜜蜂它知道：

早晨不出门，太阳高高照；

巢里嗡嗡叫，雨天要来到；

很晚才回来，天气要变了。

　　每当天气要发生变化时，蜜蜂的活动就会有所改变：夏天早晨，当蜜蜂呆在蜂巢里不愿意出动时，预示着将有炎热的天气；如果蜜蜂很早就出巢，当日天气一定晴朗；假如勤劳的蜜蜂不去野草地，而是呆在巢里嗡嗡叫，这是雨天到来的预兆；大晴天，如果蜜蜂很晚才归来，那是预示要变天——阴雨天即将来临；在深秋时节，如果蜜蜂用蜂蜡将蜂巢出入口死死封住，那么即将来临的将是一个严寒的冬天。相反，如果蜜蜂的出入口是敞开的，人们将会迎来一个暖冬。

蜜蜂授粉

蜜蜂真聪明，
声波来授粉。
发出嗡嗡声，
花粉落满身。

蜜蜂在给花授粉时，常常夹紧翅膀，并发出嗡嗡的声音。蜜蜂在授粉时发出的嗡嗡声，频率在300赫兹～400赫兹，远比它们平常飞行时发出的嗡嗡声频率高。授粉时的嗡嗡声，能使花朵中的花粉散发出来形成花粉雾，其中有一部分花粉就这样落到了蜜蜂身上。

找 娃 娃

金龟子的小娃娃，土蜂阿姨在找他。

找到娃娃打毒针，娃娃麻醉倒地下。

阿姨踩着醉娃娃，生下孩子离开啦。

孩子出来吃什么？就吃身边醉娃娃。

土蜂窝很有意思，它是土蜂利用金龟子幼虫的土室加工而成的。土蜂幼虫为金龟子幼虫的外寄生者。土蜂的雌成虫常钻入土中寻找金龟子幼虫，找到后即用螫针注入毒液，将它麻醉，然后产卵其上，封置在土室内。幼虫孵化后即可取食，完成发育变为成虫后飞出，寻找新的寄主产卵。

打针

美洲杀人蜂，
见人就打针。
打的什么针？
打的毒药针。
被它打一针，
呜呼丢小命。

　　1956年，巴西遗传学家科尔博士从非洲带回47只毒蜂蜂后，他想研究是不是能够把这些毒蜂加以驯化。不料一年后实验室发生偶然事故，其中26只蜂后从实验室里飞跑了，于是这种毒蜂开始以每年300平方千米～500平方千米的速度"占领"周围地区，从26只蜂后发展到超过10亿的庞大种群。自1957年以来，大约有超过1000人因受到成群的杀人蜂叮咬而死亡。如果被它蜇到，它的毒液会造成人体肾脏中血液循环量在短时间内急剧减少，并使肾脏细胞中毒。

食物保鲜

姬蜂妈妈不简单，
她懂食物咋保鲜。
食物送给娃娃吃，
娃娃不用去讨饭。

姬蜂总是用螫针猎杀食物——毛虫、蜘蛛、甲虫或甲虫的幼虫，然而为了食品的"保鲜"，它从不把猎物置于死地，而仅仅是刺伤而已，然后把猎物运送到"家"中（洞穴里）。它在猎物的身上产下一个或多个蜂卵，便撒手离去，而它的孩子们则慢慢享用猎物所提供的养分，在"家"中成长起来。刚孵化出来的姬蜂幼虫，其"保鲜"意识似乎是与生俱来的，它们先食用猎物肌体不重要的部分，使猎物仍保持鲜活，甚至到吃完了猎物的一半或四分之三，猎物还依然活着。姬蜂这一匠心独具的繁衍后代的方式，使其子女食宿无忧。

产房变成米粮仓

黄蜂妈妈到处逛，

她把毛虫当产房。

娃娃生在产房里，

产房变成米粮仓。

当毛虫在植物叶子上咀嚼时会自然地释放出一种香味，弥漫在空气中，令人惊奇的是，黄蜂一旦在飞行中闻到这种气味，就像接到命令一般纷纷向毛虫飞去，以迅猛之势向毛虫发起一场突然袭击。它们把自己的卵像打针一样猛地刺入毛虫，排到毛虫体内。以后，黄蜂卵就在毛虫体内孵化，最终从体内到体外把整条毛虫吞食掉。

亲亲热热好母子

胡蜂妈妈找粮食，
全部用来喂孩子。
胡蜂妈妈吃什么？
孩子嘴巴吐液体。
你喂我来我喂你，
亲亲热热好母子。

胡蜂为了给幼蜂采集食物，每天要坚持飞行数十公里，一直持续三四个月之久。在此期间，胡蜂既不吃食，巢中也没有食料储备，但它们似乎从不感到疲劳。那么，胡蜂的养料来源是什么呢？原来，胡蜂捕获昆虫后自己从不食用，全部用来喂食幼蜂。而喂食时，幼蜂口中吐出一种液体给它的母亲。母胡蜂就是靠吸食这些液体维持生命，获得能量。经过化学分析，这种液体呈弱碱性，含有30多种氨基酸。所以，这种液体不仅营养极其丰富，而且对抗疲劳也有显著功效。

金小蜂学孙悟空

金小蜂学孙悟空，

一钻钻进红铃虫。

钻进肚子打一针，

送给孩子作肉松。

在昆虫世界里，有一种比蚂蚁还要小的金小蜂，会用孙大圣用过的"钻肚术"，钻进害虫的肚子里面去，将害虫杀死。金小蜂的尾部有一根很厉害的产卵器，当金小蜂发现红铃虫等害虫的茧时，就用产卵器将茧壳刺穿，在躲藏在里面的幼虫身上"注射"一针毒素，使幼虫麻痹，然后将幼虫的肉搅碎，最后抽出产卵器，用嘴把虫体的汁液吸食干净。饱餐之后，金小蜂还不会马上离去，它还要在幼虫的尸体上产上几粒卵。等卵孵化以后，金小蜂的幼虫就以虫尸为食，直到化蛹成蜂，才破茧而出。

六角形房

蜜蜂当上建筑师,
大家都来学手艺。
房屋建成六角形,
省时省料多面积。

　　昆虫也有很多建筑师为自己造"房子",特别是蜜蜂、马蜂,
简直就是最高明的建筑师。不同种类的蜂,建造的房子也不一样。
蜂的蜂巢其造型之奇特,结构之巧妙,真可谓巧夺天工。例如蜂巢
上的每个蜂房的孔洞和底部都是六边形,如果将蜂房底部分为三个
菱形截面,则每个锐角和每个钝角的度相等(锐角约为72°、钝角约
为109°)。蜂巢的口全是朝向下方或朝向一面。蜂房建成六边形既可
以节省材料,同时又可以合理利用空间,增加容量。

打　枪

蚜茧蜂，好儿男，

当兵勇敢上前线。

粒粒卵，像子弹，

射入蚜虫背里面。

消灭蚜虫立功勋，

红花戴在它胸前。

　　蚜茧蜂这一科的所有种类都是蚜虫体内寄生蜂。蚜茧蜂主要是以它的卵粒来制服蚜虫的。产卵时，雌蜂将产卵器刺向蚜虫腹部的背面，将卵产入蚜虫体内，这样蚜茧蜂的卵就在蚜虫体内寄生下来。寄生在蚜虫体内的卵在那里发育成幼虫，它刺激蚜虫，使蚜虫进食增加，体重加大，身体恶性膨胀，最后变成一个谷粒状黄褐色或红褐色僵死不动的僵蚜。一个蚜茧蜂可产卵几百粒，每一粒卵都是射向蚜虫的"子弹"，而且几乎"弹无虚发"，命中率高达98%。蚜茧蜂作为蚜虫的天敌，在为人类消灭世界性大害虫——蚜虫中，立下了汗马功劳。

三条长丝带

小姬蜂，真可爱，
拖着三条长丝带。
长丝带，那是啥？
宝宝就从那里来。

姬蜂生来体形纤瘦，头前一对细长的触角，尾后拖着三条宛如彩带的长丝，再加上两对透明的翅膀，飞起来，摇摇曳曳，甚有飘然欲仙之意，煞是好看！姬蜂大多是黄褐色，尾后的长带只有雌蜂才有，那是一条产卵器和两旁产卵器的鞘形成的三条长丝。这么长的产卵器也是昆虫中不多见的，有的长丝甚至超过自己的体长呢。

开着飞机去上班

马蜂叔叔睁双眼，

开着飞机去上班。

捉住条条棉铃虫，

棉农见了好喜欢。

马蜂叔叔你真好，

不要工钱不偷懒。

马蜂是人类的好朋友。它刺杀棉铃虫、稻苞虫、玉米螟、菜青虫等有独特功夫。据观察，在棉田中，一只马蜂一天能捕食4条～6条棉铃虫，而一条棉铃虫一天能危害十几个蕾铃。有经验的棉农知道马蜂在夜里反应迟钝，只要不用电筒直射，它就不会骚动，有本事的人可以把它连窝端到棉田或稻田里。

留遗嘱

蚂蚁爸爸眼睛闭，
留下遗嘱给儿女。
儿女把它抬出门，
安葬好了才回去。

人类在弥留之际，往往要留下遗嘱。有趣的是，蚂蚁也能留下遗嘱！蚂蚁有一套独特的通讯本领，就是能分泌出有挥发性的化学物质。这些物质可以被其他蚂蚁的触角所感受，它将心领神会，知道对方通报的究竟是什么信息。正因为这样，所以蚂蚁尽管家大、业大，蚁"口"众多，但其生活却始终有条不紊、秩序井然，令人赞叹不已。蚂蚁甚至在死去之后，也会释放出特殊的气味，当同伴闻到这种气味时，就会齐心协力，把尸体搬出巢穴，埋葬到外面去。

打 架

黑蚂蚁，在站岗，

红蚂蚁，往里闯。

黑蚂蚁，不相让，

打呀打，全受伤。

　　蚂蚁除了忙碌地搬运食物以外，就是经常打架，咬杀格斗得十分激烈。蚂蚁打架不是为了抢夺食物，因为蚂蚁表面看虽然是多得数不清的微小生灵，但是它们也是一个小"社会"，分成无数的"家族"，由蚁后、雄蚁、工蚁、兵蚁组成一个团体，共同生活。在蚁窝里生活，使得蚂蚁都熟悉了同窝蚂蚁的气味；蚂蚁辨别气味的本领较强，如果在工作中发现队伍里出现了其他"家族"的成员，它们便咬杀，并且经常酿成大规模的"战争"。因此，它们打架就是为了守护自己的地盘！

73

气得妈妈流泪花

蚂蚁妈妈是傻瓜，

小偷娃娃带回家。

娃娃长大偷东西，

气得妈妈流泪花。

小灰蝶的幼虫可以分泌出一种含糖的"蜜汁"，喜欢吃甜食的蚂蚁为了把它当做"乳牛"，常常把它的卵搬回窝里饲养。在蚁窝里，小灰蝶的卵受到了蚂蚁的精心照料。蚂蚁一心等待它孵化成幼虫，好吃它分泌的"蜜汁"。可是，它们哪里知道，自己已经将一个忘恩负义的"盗贼"引进了家门。当小灰蝶幼虫孵化出来后，它就偷取蚁卵为食。吃饱喝足后，便躲在蚁巢的角落里变成蛹。再经过一段时间后羽化为成虫，便翩翩飞走。

可怜那些贪食"蜜汁"的蚂蚁，为了一口甜食，受骗上当，断送了许多幼蚁的性命。

老天要下雨

老天要下雨，
蚂蚁着了急。
大家快搬家，
搬到高处去。

天气转坏时，蚂蚁显得非常忙碌，有些忙于往高处搬家，有些则来回运土垒窝。一般说，垒窝越高，降水也就越大。还有一种大黑蚂蚁，往往在次日风的来向部分将窝沿垒得高些。

雄蚁　蚁后　工蚁

分居室

翘尾蚁，真有趣，

居室也要分层次。

雄蚁蚁后和工蚁，

各住各的不拥挤。

翘尾蚁，顾名思义，就是它那带有螫针的尾端常翘起来，像是跃跃欲试，随时准备进攻的样子。它喜欢用叼来的腐殖质以及从树上啃下来的老树皮，再搀杂上从嘴里吐出来的黏性汁液，在树上筑成足球大的巢，巢内分成许多层次，分别住着雄蚁、蚁后和工蚁，并在巢中生儿育女，成为一个"独立王国"。开始时一树一巢，当群体过大，而且又有新的蚁后出生时，新蚁后便带领部分工蚁另造新居。有时为争夺领域，常展开一场恶斗。

找蚯蚓

翘尾蚁在树上捕食。树上的食物捕尽，又结队顺树而下，长途奔袭，捕捉地面上的小动物。猎物一旦被擒获，翘尾蚁便会用螯针注入麻醉液，使猎物处于昏迷状态，然后拉的拉，拽的拽，即使是一只超过它们体重百倍的螳螂或蚯蚓，也能被它们轻而易举地拖回巢中。

翘尾蚁，到处找，
找到蚯蚓一条条。
注射一针麻醉剂，
拖回家去当面包。

77

喝酒

褐蚂蚁，乐开花，
隐翅虫儿养在家。
蚂蚁喝酒不用愁，
隐翅虫儿满足他。

蚂蚁中有一种褐蚂蚁嗜酒如命。它们把养在蚁穴里的隐翅虫待如上宾，因为隐翅虫肚子两侧和第一节上有一种黄色的绒毛，绒毛下有皮脂腺和脂肪体，褐蚂蚁只要拨一下它的绒毛，隐翅虫就会分泌出和乙醇很相似的芳香液体，褐蚂蚁就能"喝"到"酒"。因此，褐蚂蚁如遇到劫巢之灾，它们首先保护隐翅虫的幼虫，而不顾自己的子孙。

无忧无虑过冬天

小蚂蚁，要过冬，
快把物资往家弄。
搬进蚜虫当粮食，
搬进种子好播种。
无忧无虑过冬天，
不挨饿来不受冻。

　　蚂蚁在一年中的大部分时间里都在辛勤地劳动。那么到了严寒的冬天它们又到哪里去觅食呢?它们是如何过冬的呢?原来聪明的蚂蚁在入冬之前早有准备。它们首先搬运杂草种子，准备明年播种用;同时搬运蚜虫、介壳虫、角蝉和灰蝶幼虫等到自己巢内过冬，从这些昆虫身上吸取排泄物作为食料(奶蜜)。

捕小蛇

黄色蚂蚁等路边，
朝着小蛇吐蚁酸。
大家一起吃蛇肉，
吃得肚子滚又圆。

索马里的戈霍有一种凶悍的蚂蚁，因为奇门蛇身上散发出一种有特殊味道的蛇腥味，所以蚂蚁特别喜爱吃它。奇门蛇那么大，蚂蚁能吃掉这个"庞然大物"吗？不要紧，蚂蚁自有办法。它们成群结队来到奇门蛇出入的地方，许多蚂蚁散布在出入洞穴的路上，宛如路上撒一把"黄沙"。当奇门蛇游走在布满蚂蚁的路面时，蚂蚁就吐出一种强烈的蚁酸，使奇门蛇浑身的皮肉都被腐蚀溃烂。这样，蚂蚁就钻进腐肉里大口大口地吃起来，吃到奇门蛇奄奄一息时，蚂蚁就将剩下的蛇肉分割后咬下拉回洞穴贮藏起来，慢慢享用。一般一群蚂蚁3天就能将一条奇门蛇吃个精光。

坏医生

火蚂蚁，坏医生，

见人就想打一针。

有病没病都要打，

打针容易打死人。

火蚂蚁可以攻击人类、牲畜和庄稼等一切有生命的东西，而且难以防范。在美国，它们每年破坏的庄稼总价值达到了10亿英镑。从20世纪30年代开始，美国南部地区至今已有84人丧命于火蚂蚁的骚扰。火蚂蚁在进攻时通常采取集体行动，它们反复用身上的刺来攻击同一个目标，如果受攻击的对象是人类或其他动物，他们的身上就会产生像丘疹一样的红点，同时皮肤也会感觉到火烧般地痛，"火"蚂蚁就是因此得名。在有些案例中，这种刺痛还会引起过敏反应，并带来死亡。

种庄稼

收获蚁，种庄稼，

锄草捉虫不停下。

果实成熟掉地上，

一粒一粒搬回家。

在拉丁美洲有一种奇妙的蚂蚁，它不仅会播种植物，还能在植物成熟的时候收获果实，人们称它为收获蚁。收获蚁在它的巢穴附近的地面上匍匐行走时，会用双颌将地面上的野生杂草"锄"得干干净净，然后把它们爱吃的植物种子撒在地上。种子从萌芽、成长到结果，需要一段较长的时间，而在这段时间里，收获蚁还会锄草、捉虫，担当起"田间管理"的工作。等到果子成熟了，它们就忙碌地进行收获，把掉在地面上的果实采集起来，运回窝内。它们还会一起把果实咬碎，揉成糊状，放在阳光下晒干，然后贮藏起来，作为越冬的"干粮"。

土葬

沙蚁打仗真勇敢，
壮烈牺牲不埋怨。
朋友把它埋下地，
种上小草来纪念。

非洲有一种沙蚁，生性好斗，每次大战后，幸存者会排成一长串"送葬"队伍，将"阵亡"的"战友"护送到小土洞或低洼地，然后再盖上一层沙土。有趣的是，在安葬完毕后，它们还会千方百计地运来一株株连根的小草，种植在"坟墓"的周围，以示永久的纪念。

木头怕白蚁

木头怕白蚁，
怕它钻进去。
钻到肚子里，
张嘴大口吃。
吃成空肚子，
浑身没力气。

白蚁虽小，危害却很大。它们不仅毁坏房屋、建筑、木材、森林和庄稼，同时还危害铁路、桥梁、电缆、仓库和书库。它们躲进物体内部进行破坏，初期不易发觉，等到发现，物体已被蛀空，一触即碎，所以时常发生倒塌、沉没和折断等严重事故。难怪人们把白蚁叫做"无牙老虎"。为什么白蚁最爱吃木材和纸张呢？原来，白蚁的肠道内有一种原虫寄生着，白蚁蛀食的木质纤维素能被原虫分泌和消化，是原虫的活命养料。

臭大姐

蝽象放臭屁，
污染好空气。
噼啪一声响，
大家捂鼻子。
你是臭大姐，
我不喜欢你。

蝽象因其大多数有臭腺能释放臭气，而被称为"臭蝽"和"臭大姐"。据此，也就"臭"名远扬了。蝽象有一个特殊的本领。当其安全受到威胁时，便会迅速做出反应，在极短时间内，从尾部喷射出一股股青烟，随着噼啪之声，散发出难闻的阵阵臭气，令敌害闻风而退，而自己则从容逃命。这是怎么回事呢？原来它是用自身化学武器进行防身自卫。它的化学武器来自其发达的臭腺，在紧急情况下，像开炮似地连续发射，不仅打退敌物，保护自身安全，而且还是"集合"或"分散"的信号。

变大炮

步甲虫，跑呀跑，

摇身一变成大炮。

什么炮？臭气炮，

吓得敌人流屎尿。

步甲虫（步行虫）在紧急情况下从肛门连续发射炮弹——多种化学物质：过氧化氢、醌、酶等反应产生的高温液态毒液，把强大的敌人轰得屁滚尿流。也许爱玩虫的人们都领教过它的厉害，因而给它起了个绰号，叫"放屁虫"。

警察快来管一管

两只蟋蟀一见面，
打架打得腿儿断。
爸爸妈妈流泪花：
"警察快来管一管。"

蟋蟀又叫蛐蛐儿，它是一种喜欢鸣叫的昆虫，而它更出名的却是好斗的习性。两个雄蟋蟀相遇时，一场恶战常常是免不了的。这时，它们会振翅鸣叫，好像打仗前吹起的冲锋号。然后，蟋蟀就会龇牙咧嘴地扑向对手，撕咬顶踢无所不用，一直打到一方被甩到一边，或者断了腿脚败下阵来。获胜者常常昂首振翅，响亮而长久地鸣叫；而被打败的蟋蟀有时居然也会又轻又短地哼上两声，听上去显得有气无力。

蜻蜓点水

蜻蜓爸，蜻蜓妈，
亲亲热热把手拉。
水面上，点点水，
生下许多小娃娃。

每年秋天，我们总可以看到成群的蜻蜓在水面盘旋，不时地往水中一浸一浸地低飞着，这就是人们常说的蜻蜓点水。蜻蜓为什么要点水呢？蜻蜓成虫到了繁殖期就要进行交配。蜻蜓交配的情形也很特殊，我们常看到一对对蜻蜓，一前一后地拉着飞进行交配，交配后又恢复原状。一前一后起飞到水边去"点水"，原来这是蜻蜓在水中产卵的动作。

蟑螂妈妈带宝宝，
带着宝宝到处跑。
叫她放在家里面，
她把脑袋摇又摇。

蟑螂带宝宝

　　蟑螂是人们讨厌的偷油婆，它们的繁殖速度很快。在它们的儿女还没有问世时，就已表现出对后代的关心备至。雌虫排卵之前，在腹部先形成一个黄褐色的卵鞘，卵鞘里包着20粒～30粒卵。卵鞘产出后，它不肯将其放下，害怕被其他捕食性动物吃掉或伤害，仍将卵鞘粘连在自己的腹部末端。就连夜出觅食时也拖带着这个沉重的"包袱"，宁愿自己辛苦点，也不让后代遇到不幸。卵在卵壳里一天天地发育，直到小若虫降生之前，它才将卵鞘卸下，安放在一处寂静而又隐蔽的缝隙里，几天之后小若虫就出世了。

偷油婆爱捣乱

偷油婆，真讨厌，
吃饱没事爱捣乱：
咬了衣物咬电线，
拉屎拉尿臭熏天。
它把病菌到处扔，
传播痢疾和伤寒。

　　蟑螂，即偷油婆、香娘子、滑虫……，学名叫蜚蠊。蟑螂躯体扁平，头前有两根细长的触角，发出阵阵难闻的臭味。蟑螂取食的家庭食物不下几十种。尤其嗜好淀粉、糖类、蔬菜，以及湿度较高的食物。另外，还喜食茯苓、菊花、当归等几十种中药材，粪便、痰汁、腐烂小动物的尸体也是它的佳肴。实在无奈时，可啃食书本边缘上的浆糊，咬坏书页；就连红蓝铅笔的笔芯也可权且充饥，维持生命。此外，还常咬坏衣物，钻进收音机、电视机，咬坏电线包皮，甚至咬食婴儿的指甲和睫毛。在它们爬行和取食过的地方常排泄许多肮脏的粪便，遗留下恶心的臭味。蟑螂是许多人类疾病的传播者，能携带伤寒杆菌、痢疾杆菌等十几种流行病菌。

刺 客

蝎子当刺客，
来到沙漠里。
抓住大蜘蛛，
把它当美食。
蜘蛛要挣扎，
它用毒针刺。

在世界上所有暖热的地区，特别是沙漠，都能发现蝎子。蝎子白天常躲在岩石或木头下。那些爬进房子里的蝎子则躲在地毯下、床上或是鞋子里，所以很危险。某些种类的蝎子，尤其是20厘米长的非洲蝎子，它们的毒刺可以致人于死地。蝎子通常用它的两只大而有力的钳子来捕食，食物绝大部分是蜘蛛和昆虫。只有当猎物挣扎时，它才会使用毒刺。蝎子的毒刺在腹部末端，即身体的最后一节。人被大蝎子蜇后会倒下，大量流汗，感到恶心，然后口吐白沫，甚至可能死亡。

奇特的歌手

小蚱蜢，当歌手，
唧唧唱，乐悠悠。
唱歌用腿不用嘴，
这种歌手真少有。

当你在夏日穿过荒草地或漫步于树篱旁，会听见蚱蜢"唧唧"的歌唱声。蚱蜢的歌声不是出自它的口，而是由它的腿发出来的。沿着后腿的大关节处有一排"钉子"，蚱蜢利用这些"钉子"与翅膀的摩擦来发声，这就产生了"唧唧"的声音。

取外号

小蝼蛄，睡觉觉，
妈妈给它取外号。
不叫蝼蛄叫土狗，
土狗一听哈哈笑。

土狗属直翅目，蝼蛄科昆虫。采集活蝼蛄，埋入石灰中处死烘干，即成为中药材土狗。由于烘干后的蝼蛄身体紧缩，头向腹部弯曲，六足紧抱，形状像条卧着的狗，故取名土狗。土狗具利水、消肿、解毒的功效。内服可治水肿、小便不利、跌打损伤等症。外用可治疗脓疮肿毒。

这首情歌我爱听

蝼蛄小伙有感情，
唱起情歌真动人。
情歌不用嘴巴唱，
翅膀一擦发声音。
蝼蛄姑娘跑过来：
"这首情歌我爱听。"

夏季的傍晚，走在路边，人们常常能听到咕咕的声音，它是由一种在土里钻来钻去的地下农业害虫蝼蛄发出的。这一片咕咕的鸣声全是雄蝼蛄唱的"情歌"，因为只有雄蝼蛄的翅膀才能摩擦出声音来。远处静候的雌蝼蛄常被这种动听的歌声所打动，并觅声而来爬到雄蝼蛄身旁。

唱卡拉

蚯蚓在家唱卡拉，
大家跑去看看她。
进门一看笑哈哈，
唱歌的人不是她。
邻居蝼蛄来作客，
"嘀嘀嘀嘀"响喇叭。

一般人都以为蚯蚓会唱歌。夏天，刚刚下过一场大雨，你就会听到庭院里、田野里发出的清脆而悠长的嘀——嘀——声。有些人说这是"蚯蚓唱歌，有雨不多"。我国古籍中往往形容蚯蚓的鸣声抑扬顿挫，像笛声一样，特地叫做"蚯笛"。其实蚯蚓没有鸣器，不能发声，更不会唱歌。误会的原因，是一些土栖的昆虫，特别是蝼蛄，常常钻进蚯蚓的穴中，或与蚯蚓为邻，是它们在振翅"唱歌"。蚯蚓在土壤里活动，钻了许多洞穴，使坚实的土壤变得疏松，致使那些土栖昆虫要到蚯蚓"家中"借宿。

打电筒

荧火虫，田野跑，
跑散了，咋个找？
别担心，别烦恼：
打电筒，发信号。

身体渺小的昆虫能巧妙地利用闪光（灯语）进行通信联络。萤火虫是这种通信方式的代表。萤火虫是一种身披硬壳的小甲虫，它的腹部末端能发出点点荧光。萤火虫为什么会发光呢？当萤火虫开始活动时，呼吸加快，体内吸进大量氧气，氧气通过小气管进入发光细胞，荧光素在细胞内与起着催化剂作用的荧光酶互相作用时，荧光素就会活化，产生生物氧化反应，导致萤火虫的腹下发出碧莹莹的光亮来。由于萤火虫不同的呼吸节律，便形成时明时暗的闪光信号。

好像我家大母鸡

小蠼螋，当妈咪，
地下挖个育儿室。
伏在蛋上不离开，
好像我家大母鸡。

蠼螋俗名叫耳夹子虫，这类昆虫也会抱卵。雌雄婚配后，在地下挖个8厘米～10厘米深的洞，作为育儿室，并将洞壁修理得整整齐齐，雌虫便进入育儿室。耳夹子虫很快开始产卵，产卵完毕，便伏卧在卵堆上，像母鸡孵小鸡一样，经过20多天，一个个活泼可爱的儿女出世了。此时雌耳夹子虫便将洞口打开，外出给儿女们觅食。新出世不久的幼儿，经常在母亲的周围玩耍，母亲则日日夜夜地照料它们，儿女们渐渐长大，直到3岁，母亲才允许它们离开巢穴，独立谋生。

干粮

屎壳郎，好夫妻，
粪球推回家里去。
推回家去作干粮，
娃娃出生当饭吃。

蜣螂俗称屎壳郎。屎壳郎夫妻经常搬运"宝贝"粪球——充饥的粮食。蜣螂能把大堆的牛粪做成小圆球，然后一个个推向预先挖掘好的洞穴中贮藏，慢慢享用。雌蜣螂把卵产在粪球里，卵孵化后，出世的小蜣螂立刻就可以得到食物吃。这是蜣螂对它的子女母爱的表现。它宁愿自己付出辛劳，使子女出世后不必再东奔西跑为找食而辛苦。

树上撒尿

蚜虫小宝宝，
树上打又闹。
管你有没人，
到处撒尿尿。

夏季，当你在林阴道上漫步时，常会感到有阵阵蒙蒙细雨拂到脸上。可是抬头仰望，却是骄阳高挂，晴空万里。细雨从何而来呢？原来，"细雨"是蚜虫的排泄物。蚜虫俗称蜜虫、腻虫或油虫，夏季在许多植物的芽、嫩茎或嫩叶上都能见到。蚜虫的名字就是从"芽上的虫"转来的。蚜虫的嘴是针状的，像一根针筒，专门刺入植物组织中吸食汁液。它吸食的是稀食，排出来的是甜得像蜜一样的黏液。当蚜虫的数量很多，排泄出来的黏液纷纷落下来时，在树下经过的人便会有微雨扑面之感。

爸爸怀宝宝

哈哈哈哈真好笑，
负子蝽爸爸怀宝宝。
宝宝怀在背背上，
背着宝宝到处跑。
东奔奔，西跑跑，
宝宝一个也不掉。

一只蝽象，在它宽阔的背部负载着那么多一个个像小馒头似的球体，且很有规律地紧密排列着。这就是在蝽象家族中，最让人过目不忘的水生昆虫负子蝽了，而它背负的"小馒头"正是它的儿女们，即雌蝽象产的卵。雄虫背负着这些卵宝宝直至它们破壳降生为止，负子蝽因此而得名。你瞧，负子蝽真不愧为模范"丈夫"和敬爱的"父亲"，虫中罕见，令人赞美。

今天为啥不理我

蝉哥哥，爱唱歌。

唱啥歌？唱情歌：

"蝉妹妹，你在哪？

今天为啥不理我？"

为什么蝉在夏天会一天到晚唱歌呢？原来，仲夏季节蝉从地下钻到地面后，充其量也只能活到秋天。在短暂的一生中，雄蝉不得不抓紧时间以没完没了的"歌唱"来召唤它的"情侣"（雌蝉）。

演唱会

蝉娃娃，树上爬，
他想当名歌唱家。
夏天举办演唱会，
太阳再大也不怕。
没有音响就清唱，
青蛙听了叫呱呱。

大多数昆虫发出的声音是极小的，但也有些昆虫能发出十分响亮的声音，蝉类就是它们的杰出代表。雄蝉腹部有一个像大鼓一样的发声器，它们很像不知疲倦的"歌唱家"，夏季从清晨到夜晚到处都可以听到它们响亮的"歌声"。

隐身术

沫蝉娃娃学技术，
只学一门隐身术。
悄悄躲进泡沫中，
敌人来了认不出。

在会使隐身术的昆虫中，有一种叫沫蝉的小虫十分奇特。它用自身分泌出的泡沫把自己严密地包裹起来，从而使自己躲过天敌的眼睛，生存下来。沫蝉用来掩蔽身体的泡沫是从它的腹部下端一个气门开口附近的腺体排出来的。沫蝉为什么要隐身在泡沫之中呢？原来，它在幼年时期身体十分嫩弱。为了免受烈日的暴晒，躲过天敌的伤害，沫蝉在千百万年的进化过程中，学会了这种以泡沫掩身的隐身术。等到沫蝉长大变为成虫，它既会飞，又会跳，就再也不需要用泡沫隐身了。

蚯蚓要开饭，

围成一大圈。

垃圾当饭菜，

味道香又甜。

开饭

蚯蚓带给人类的最迷人的前景是环境保护，让它吃掉垃圾变成肥料。1吨蚯蚓一天可吃掉1吨垃圾，并产生0.5吨蚓粪。一个3口之家一天产生的生活垃圾，50条～100条蚯蚓就能将其全部"消耗"。被处理过的垃圾像肥沃的森林黑土，实际上那是松软潮湿的蚓粪。蚯蚓粪富含有机腐殖酸，是一种高级有机肥。蚓体富有数种酶和蛋白质，经提取加工可成为治疗脑血管病的良药。

我和弟弟不一样

大蚊哥哥高又壮，
我想给他一巴掌。
大蚊哥哥摇摇头：
"我和弟弟不一样。
我们从来不吸血，
说我吸血好冤枉。"

大蚊虽然模样长得和喜欢叮人吸血的蚊子很相似，但是它的体形要比蚊子大八九倍。它从不叮人吸血，只是对水稻有一些危害。

动物吃饭来比试

动物吃饭来比试，苍蝇参赛得第一。

吃饭快，消化快，废物病菌排出去。

吃下去，排出去，十一秒内就处理。

1

吃饭大比赛

　　苍蝇奇妙的防病绝招之一，就是当它吃了带有多种病菌的食物后，能在消化道内进行快速处理，迅速摄取有营养的东西，而把废物及病菌很快排出体外。苍蝇对进入口器的食物进行处理、吸收，一直到将废物排出体外，一般只需7秒～11秒。如此高效率的处理方法，是其他动物无法比拟的。

妈妈守宝宝

盾蝽宝宝要出门，
妈妈守在一边等。
等她出门去漫步，
妈妈这才放了心。

盾蝽的雌虫具有强烈的母爱。当它产完卵之后，会长时间停留在卵块附近守候保护，以防它的小宝宝遭遇不测，直待全部卵块孵化，眼看着它的孩子们一个个出壳漫步后才恋恋不舍地离去。小小昆虫竟也有如此仁慈母爱，真了不起。

搓脚丫

小苍蝇，到处跑，

小脚丫，尝味道。

脚丫脏，懒得洗，

搓一搓，就算了。

　　苍蝇很贪吃，无论是干的或湿的食物，它都要尝一尝。尤其是味道比较重的，像糖、油炸的东西等。那么苍蝇是怎样分辨出食物的味道的呢？苍蝇的味觉器官在脚上，只要它飞到食物上，就先用脚上的味觉器官品一品食物的味道，再用嘴巴去吃。因为苍蝇很贪吃，又喜欢飞来飞去，所以每次看见食物，不管那是什么，总要在上面站一站，这样，脚上总会沾上很多食物或秽物，这不但阻碍了它的味觉，也不便于飞行。所以苍蝇一停下来，就要把脚搓来搓去，好把脚上沾的东西清除掉，以保持脚上的味觉，并且便于飞行。

扮蜜蜂

食蚜蝇，真聪明，
蜜蜂衣裳穿在身。
扮蜜蜂，大家怕，
因为蜜蜂有毒针。

蜜蜂腹部黑黄相间的醒目色彩，就像马路边的警示牌一样，时时刻刻告诫着我们不要侵犯它，否则，侵犯者就要付出被有毒的螫针刺痛的代价了。可是，在野外，我们并不一定碰上这种黑黄相间的"蜜蜂"都要躲避，因为它们根本不是蜜蜂，腹部也没有螫刺这种武器，而是它们披着蜜蜂的外表把我们骗了。这种昆虫叫食蚜蝇，它们长得和蜜蜂像极了，也有透明的翅和黑黄相间的腹部，飞起来同样是嗡嗡的声音。为什么没有近亲缘关系的两个物种这么像呢？原来，是食蚜蝇会变化自己的外表来模仿蜜蜂，以达到欺骗敌人保护自己的目的。

以后别登我家门

苍蝇来拜寄生蝇，
寄生蝇它不认亲：
"你好臭，你好脏，
娃娃生在臭粪坑。
我们爱花你不爱，
以后别登我家门。"

苍蝇有一个亲戚，样子和苍蝇很近似，像一只大麻蝇，身上经常长满长毛，但它们不喜欢追腥逐臭，而是常在花丛中飞舞。而且绝不把后代培育在粪坑、臭水和腐肉烂菜上，而是以寄生的方式把后代寄生在其他昆虫的幼虫体上，依靠吸取这些幼虫体内的营养来生长发育，这就是寄生蝇。寄生蝇幼虫寄生的对象大多是农林害虫。在很多情况下，寄生蝇能够抑制这些害虫的大发生，减少了害虫给人类造成的损失。

毒毛衣

痒辣子，去赶集，
身穿一件毒毛衣。
大家赶快让开道，
要是碰上痛死你。

刺蛾科的幼虫呈椭圆形，或称蛞蝓形，其身体上有枝刺和毒毛，触及皮肤立即发生红肿，痛辣异常，俗称"痒辣子"、"火辣子"或"刺毛虫"，故称刺蛾。痒辣子的厉害不知你有没有碰到过。这些毛毛虫真厉害，早晨在树下洗脸时，一不注意从树上掉下几只，如果钻进背心，当时就会觉得后背火辣辣地痛，过了半天也不会消肿。

哈哈！磕头虫
太可爱了！

咯！咯！

求你放我回家去

叩头虫，真是逗，

一下一下来磕头：

"求你放我回家去，

妈妈等在大门口。"

叩甲科的昆虫一旦被人捉住，就会在你手上不停地叩头，所以有一个形象的名字——叩头虫。孩子们常在野外捉来叩头虫（成虫）玩耍，用拇指和食指轻轻捏着它的后腹部和鞘翅端部，将它的头部朝向自己，于是叩头虫便将前胸下弯，然后又抬起挺直，同时发出"咔咔"的声音，如此反复进行，好似在不停地磕头。其实它可不是真的向你磕头求饶，而是在挣扎逃脱，这是它的一种自救方式。你稍不留心，它就会弹跳逃走。

装死

麦叶蜂，当小偷，

见人来了就想溜。

来不及，就装死，

身体一卷滚落地。

装死虫

　　你见过"死"过的虫还能活起来吗？那是虫在装死。如果你到麦田里去，只要稍稍触动一下麦叶，有时甚至还没有碰到麦子，停在叶子上的粘虫幼虫或麦叶蜂，却把身体一卷而滚落到地上去了。难道昆虫果真知道有人要去捉它，赶快装死吗？当然不是，昆虫哪有这样聪明！昆虫的假死性实际上是一种很简单的刺激反应。因为当它们的眼睛或身体上的感觉毛感受到周围环境有些变动，神经就会发出信号，使昆虫浑身的肌肉收缩起来。昆虫肌肉一收缩，原来停在植物上的足就会缩起来，它的身体就再也停不住了，所以就自己滚落了下去。

回娘家

大蚊子，回娘家，

敌人一下抓住它。

长腿子，被抓住，

蚊子赶快想办法。

不叫爹，不叫妈，

干脆把腿送人家。

　　大蚊为了逃避敌人的危害，可断其肢体而救得性命。大蚊的腿又细又长，非常醒目，抓住或碰到后很容易脱落，而虫体本身并不会受到伤害，却可借机逃走。

妈妈，别的小朋友都说我太丑，都不跟我玩！

丑娃娃变朵花

吉丁虫，流泪花，
生下是个丑娃娃。
妈妈劝她不要哭，
爸爸盼她快长大。
吉丁虫，长大啦，
美丽漂亮像朵花。

吉丁虫科的种类很多，全世界约有13000种，我国已知450多种。各种体型差异较大，小的不足1厘米，大的超过8厘米，大多数色彩绚丽异常，似娇艳迷人的淑女。淑女似的吉丁虫自然会受到人们的青睐。令人遗憾的是它们的幼虫长得奇丑无比，真可谓"虫大十八变"，这就是昆虫变态的奇妙之处！

象鼻虫，地上爬，

大象一见笑哈哈：

"你也有根长鼻子，

我们俩来比一下。"

象鼻虫，说了话：

"大象哥哥你错啦。

不是我的长鼻子，

这是我的长嘴巴"。

比鼻子

看到象鼻虫头部前伸的长管，你可能会想到大象的鼻子。不过，你千万别把象鼻虫头部的长管当成鼻子啊！这个长管是它的口器，也是象鼻虫的主要识别特征。它的另一个特点是触角生在口吻上，这在其他昆虫中少见。此外，它那管状头部能左右转动，非常灵活，犹如建筑工地上经常见到的大吊车，十分有趣。象鼻虫又称象甲，其成虫体态特殊，是有名的长嘴婆，它的口器延长成象鼻状突出，称作头管。有些种类的头管几乎与身体一样长，十分奇特。因其头管形如大象的鼻子，故人们称它为象鼻虫。

铁甲虫，去打仗，
铁质铠甲披身上。
你要用矛来刺我？
哼，休想！

铁甲虫体形一般为长形，体背和鞘翅上常有刺突或瘤突，好像身披铁质铠甲的勇士，故有"铁甲"之称。铁甲都是植食性昆虫，它们寄生于被子植物的单子叶植物，取食茎、芽或叶，幼期分潜生和露生两类。

117

妈妈了不起

五倍子，怀孩子，

孩子多了不够吃。

没有吃的怎么办？

内脏送给孩子吃。

五倍子，好妈妈，

 无私奉献了不起。

五倍子幼虫的养分来源与其说是享用储藏食物，莫不如说是把其母亲的身体当成了可口的食物。作为母亲，它们充分表现一种"无私"的献身精神。五倍子虫在自己的体内生儿育女，而不是像通常那样产卵。一旦它们的体内有8个～13个女儿的时候，母亲的肌体就会被这些女儿们从内部蚕食精光，而只剩下一个躯壳。母亲这种献身的牺牲精神并不会使女儿们感到羞愧，因为它们自身的体内也得容下10多个女儿在蚕食。

细菌弹

苍蝇出门转一转，

带上许多细菌弹。

走一路，投一路，

用品食物被污染。

细菌弹，害人类，

苍蝇是个大坏蛋，

苍蝇大都出没于肮脏的地方，置身于病菌之中，全身都带着病菌。据测定，一只苍蝇身上通常带的病菌有1700万个，多的甚至可达5亿个。苍蝇体内携带的病菌更多，是体外的800多倍！然而，令人奇怪的是，滋生于污秽之中、出没于是非之地的苍蝇身上带有无数"细菌弹"，却安然无恙，不会被这些病菌所感染而患上疾病。原来，苍蝇具有一种抗菌类蛋白，这是人类迄今所生产的所有抗菌素所无法比拟的。

细菌

细菌

从来没爸爸

蚜虫上学校，老师问问她：

"谁是你爸爸？谁是你妈妈？"

蚜虫一开口，眼里含泪花：

"我有好妈妈，从来没爸爸。"

> 老师，我只有妈妈，没有爸爸。

蚜虫的"家庭成员"中都会有一个又大又胖的蚜虫妈妈，周围那些比它小的蚜虫都是它的孩子。可是，无论你怎么找，也找不到蚜虫爸爸。咦，蚜虫爸爸到哪里去了呢？原来，对于绝大多数蚜虫来说，根本就没有爸爸。也就是说，在它们的群落里，根本就没有雄虫。因为蚜虫的卵可以不经过受精作用，直接在娘肚子里完成胚胎发育，一生出来就是小蚜虫。

举重冠军

金龟子，有理想，长大要把冠军当。

从小天天练举重，运动会上露锋芒。

举重比赛夺冠军，昆虫点头又鼓掌。

我们都知道吊车威力无比，但是它吊举的能力却不及自身的重量。真正的抓举冠军并不属于吊车，也不属于人类，而是在空中飞翔、靠捕捉其他有害小虫为食物的蜻蜓、金龟子和盗虻。蜻蜓抓住相当于体重20倍的食物，可达15分钟之久。大花金龟可以抓起324克的重物，比自身的重量大53倍。昆虫不但抓举能力强，而且抓得很牢固，如果想把它抓住的食物拿掉，并不容易。强行夺取，有时甚至将腿拉断，它也不肯松开。

把它赶走

酪蝇酪蝇，喜欢吃肉：

火腿熏肉， 腊肉咸肉……

吃饱喝足，粪便上走。

传染疾病，把它赶走。

　　酪蝇是肉类副食储品害虫。如果你在火腿、腊肉上发现黑色小苍蝇的话，那肯定是酪蝇了。其成虫很活泼，喜光亮；幼虫则相反，怕光，并且群居取食。酪蝇除危害火腿、腊肉、熏肉、咸肉、熏鱼等以外，还经常出现在人粪、尸体内。因此，它除直接危害外，还会传染疾病。

睡吊床

马蜂建房不占地，
吊在树上多美丽。
天天睡在吊床上，
舒舒服服过日子。

马蜂巢常建筑在树枝上、屋檐下、树洞间或房屋内，筑造成近似半月形的吊钟巢。如果建筑材料含水过多而不坚固，它们便扇动双翅将巢吹干。这种吊钟式的"楼房"，既不占土地面积，又能高高在上，避免人类的骚扰和天敌的侵害。

埋尸体

埋葬虫，不怕死，
专门负责埋尸体。
见了尸体就埋下，
埋了一具又一具。
埋葬虫，多勤快，
不为别人为自己：
尸体上面产下卵，
儿女出来有饭吃。

一只埋葬虫发现一只死山雀，便叫来伙伴在死山雀的尸体下挖土，把它埋葬。埋葬虫并非仅仅埋葬死在地上的鸟兽，即使挂在树枝上的死鸟，也会给弄下来埋葬掉的。埋葬虫为什么千方百计要埋葬动物尸体呢？原来，这是它们繁殖后代的一种方式。它们在埋下的尸体上产下卵，不久，孵化出来的幼虫，就可以吃到早给它们准备好的食物，从而成长起来。

喷粪便

负泥虫，真聪明，
腥臭粪便喷一身。
敌人一看臭又脏，
个个发呕转过身。

生活在山区农田里的负泥虫，自卫的花招比较巧妙。它的肛门向上翘，每当排粪时，便把那墨绿色、黏稠状的腥臭粪便，喷射到自己的背上。它利用这种粪便，掩护自身，不让天敌发现。万一发现了，天敌一看它又臭又脏，也就不想吃了。

建房

稻苞虫，建房子，
几片稻叶连一起。
白天躲在屋里睡，
鸟儿飞过像瞎子。
晚上出门吃稻叶，
栽进青蛙大嘴里。

稻苞虫，它会吐丝，把几片稻叶缀成一个小虫苞，白天它躲在苞里睡觉，以防鸟儿发现；一到夜晚，就爬出来偷吃稻叶。这样，虽然可以减少遇敌的危险，但还不能确保平安无事。因为它可能遇到夜间继续活动的青蛙、蟾蜍等，而遭到灭顶之灾。

稻秆打电话

小稻秆，打电话：
"庄稼警察快来呀。
这里有个稻螟虫，
正在往我肚里爬。
要是吃光我内脏，
农民就会流泪花。"

庄稼警察快来呀。有个稻螟虫在我身上！

稻螟虫的花招，似乎"棋高一着"。它的幼虫把稻秆蛀出一个孔洞，随即钻进稻秆里，日夜偷吃。这样，天敌就不容易发现它；即使被天敌察觉，它也能隐藏到深处。不过，它把稻苗一旦伤害死了，它就不得不从洞里爬出来，暴露在光天化日之下。这样，它仍然会有被天敌吃掉的危险。

回家报信

蚂蚁出去找点心，
派出一支侦察兵。
找到点心不贪吃，
快快回家去报信。
外公外婆一起来，
吃起点心好开心。

蚂蚁是人们经常见到的生活在地穴中的社会性昆虫。蚂蚁出巢寻找食物，总要先派出"侦察兵"。最先找到食物的，在返巢报信的途中，遇到同巢的成员时，先用触角互相碰撞，然后再用触角闻几下地面，这样不但通过气味信息传递了食物的体积大小、存在的方向和位置，而且也指出了通向食物的路径。

两把刀快不快

蚱蜢举起两把刀，
一动不动埋伏好。
两把刀，快不快？
敌人来了就知道。

螳螂极其具有耐心，它能够纹丝不动地潜伏着，等待那些粗心的猎物进入其捕食圈。等待时，螳螂最典型的姿势是一对前腿举起，模样看上去像是在做祷告。它的前腿是用来扑捕猎物的，腿缘有锯刺，腿的各段连接自如，捕猎时互相配合，动作极快，令人目不暇接。

这个毛病要改掉

螳螂一家开饭了，
娃娃习惯多不好。
食物只吃一点点，
其余部分全丢掉。
爸爸妈妈教训它：
"这个毛病要改掉。"

螳螂捕到猎物后，会把猎物慢慢地、活生生地吃下去。通常，螳螂对食物非常浪费，它们只吃一点，而将大部分丢弃掉。

纺丝

蚕宝宝，笑眯眯，
关起门来纺细丝。
不吃饭，不休息，
又饿又累死屋里。

丝绸这种织物，不像棉布那样产自一种长有棉桃的植物，也不像羊毛纺出来的绒线那样产自哺乳动物的毛皮，它来自蚕的幼虫。幼虫在冬季过后从卵中孵化出来，开始吃食。它们吃桑叶，并且食欲极强。然后幼虫开始作茧。这时，它们会停止进食，吐出一根长丝，将自己裹起来。最终，每一只蛹都包裹在一个丝球里，随后再脱茧而出，变为一只成虫。蚕是唯一一种完全被人类控制的昆虫——它们没有野生的。

131

蝈蝈是个演奏家，
不用乐器用嘴巴。
夏天一到就演奏，
天气越热劲越大。

　　蝈蝈是昆虫"音乐家"中的佼佼者。最突出的特点就是善于
鸣叫，其鸣声各异，有的高亢洪亮，有的低沉婉转，或如潺潺流
水，或如急风骤雨，声调或高或低，声音或清或哑，给大自然增
添了一串串美妙的音符。蝈蝈又称哥哥，学名叫螽斯，是鸣虫中
体型较大的一种。雄虫脱皮后3天~10天开始鸣叫，夏日炎炎，
常引吭高歌，铿锵有力，天气越热，叫得越欢。

脱衣裳

松毛虫，爬树上，

脱掉松树绿衣裳。

松树没了绿衣穿，

死的死来伤的伤。

松毛虫其幼虫周身长满了长毛，专门取食松叶，故名松毛虫。松毛虫是针叶林10余种松树的大敌。我国从南到北都有松毛虫的危害，遭到其严重危害时，数日间即能将青山绿林变为秃枝残梗，远望如火烧，近看虫满树，虫粪盖满地。松树受害后，长势受损，甚至衰萎枯死。松毛虫不但严重破坏森林资源，也使收割松脂的副业生产受到损失。

挖陷阱

小蚁狮，真聪明，
沙漠里面挖陷阱。
藏在陷阱静悄悄，
专等敌人送上门。

蚁狮是一种产于阿拉伯的能设置陷阱的昆虫。这位陷阱的拥有者从不将自己的身体暴露在地面，因为它专门捕杀那些落入其陷阱的蚂蚁，所以被称为蚁狮。为了挖掘陷阱，蚁狮向自己头上舀沙子，然后弹射出去，并挖出一个壁面陡滑的陷坑。

弹沙粒

蚁狮看见小蚂蚁，
头顶沙粒弹出去。
好像士兵举石块，
对着敌人砸下去。

由于蚁狮它能向猎物发射沙子，所以，蚁狮可算得上一位工具使用者。当一只蚂蚁走来，蚁狮便向它发起进攻，向猎物发射沙子。这个动作相当于人类接二连三地投掷石块，先把蚂蚁击倒，然后蚁狮将其穿在尖尖的颚部，拖到地下。其颚部尖利、突出，像一对钳子，常采用急速合拢的方法将猎物咬住，并注射毒素。

尖尖塔

土白蚁，住地下，

大家一起来安家。

把家建成啥形状？

建成一个尖尖塔。

白蚁塔是蚁冢的一种，是土栖白蚁在地面下土中筑的巢，且巢高出地面形成塔状。蚁冢有大有小，有的比人还高呢。这可真要花一番苦工夫才能建好啊。

天天啃书籍

衣鱼爱学习，家住书籍里。

天天啃书籍，一啃啃到死。

读了辈子书，不识一个字。

　　家里的书橱、书架、衣橱、衣柜，由于长久不清理、厚厚的尘埃，加上潮湿，是一种名叫衣鱼的蛀虫喜欢出没的地方。衣鱼全身银灰色，身体扁长，体形略像一尾小鱼。衣鱼以书籍为"家"，在书里面度日、繁殖、直到老死，连尸骨也埋葬在书堆里。它们尤其喜爱在阴暗、潮湿、发霉的环境里生活。

敌人来了怕不怕

蚱蜢妈妈问娃娃："敌人来了怕不怕？"

蚱蜢娃娃笑哈哈："敌人来了我不怕。

我的后腿长又长，弹跳能力顶呱呱。

一有危险我就跑，敌人休想把我抓。"

蚱蜢身上的条纹和斑点有助于外形的伪装，使它难以被发现。有些蚱蜢的伪装技巧相当高。蚱蜢靠着长长的后腿和良好的弹跳能力来逃离危险。逃跑的时候，能够连蹦带飞。

五项全能选手

蝼蛄参加运动会，

五项全能样样会：

水中游，地上跑，

上天还会飞呀飞；

挖地道，快又好，

"咕咕咕咕"叫声美。

在昆虫中，像蝼蛄一样能够把疾走、游泳、飞行、挖洞和鸣叫集于一身的昆虫，可以说是绝无仅有，虽说它样样不精，难以获得单项冠军，但还称得上是"五项全能"的好手。

最佳全能奖

你有啥本事

中华蚖蠊小个子，
国家立法保护你。
请问你有啥本事？
昆虫王国活化石。

中华蚖蠊是一种体长不过12毫米的小虫，看上去像一只大黄蚂蚁，又像一只蟋蟀的幼虫。不过，你可别小看了它，它虽然貌不惊人，却是受到我国野生动物保护法保护的国家一级保护昆虫哩！中华蚖蠊是属于蚖蠊目的一种昆虫。蚖蠊目昆虫是古昆虫的残遗类群，堪称昆虫王国里的活化石。研究它，对探讨昆虫的起源、演化有十分重要的意义。

在很久很久以前，我们的家族就存在了。

演戏

食蚜蝇，长吻虻，
天天出门去演戏。
不演蝴蝶跳舞蹈，
爱演蜜蜂举针刺。

食蚜蝇和长吻虻是同蜜蜂毫无亲缘关系的昆虫。它们虽然没有蜜蜂那根能自卫御敌的尾刺，但是它们却在身体的外形、颜色和习性上都极力模仿蜜蜂，使它们看上去和蜜蜂很相似。那些喜欢食虫的鸟类，都知道蜜蜂蜇人的厉害，轻易不敢捕食，于是，食蚜蝇和长吻虻便借着蜜蜂的威势，大摇大摆地在外面觅食。

我们也是蜜蜂！

装什么啊！你们分明就是食蚜蝇、长吻虻！

装甲兵

独角仙，模样俊，

当上一名装甲兵。

开坦克，好威风，

扫平庄稼和树林。

在昆虫王国，从威武雄壮的形态来说，数独角仙为最。独角仙又名兜虫。成虫体形壮硕巨大，圆筒状，全身黑亮，虫头上有像犀牛那样的长角，前胸背板上还长有一只刺状短角，全身披着角质化的硬翅。这种形似坦克状的甲虫，爬行起来威风凛凛，一表"虫才"。在中国台湾省和日本，独角仙常是宠物商店中的宠儿，深受小朋友们的喜爱；不少昆虫爱好者见了也爱不释手，常把它们制作成标本作为艺术品欣赏；在国际上，常是人们收购的对象，竞相收藏玩赏。

打地道

小蝼蛄，不学好，
偷偷摸摸打地道。
吃种子，咬幼苗，
不是一个乖宝宝。

蝼蛄栖息于地下，夜间清晨在地表下钻隧道，咬食作物根部、发芽的种子和幼苗等，是重要的地下害虫。

打隧道

天牛宝宝打隧道，
又拉屎来又撒尿。
害得家具患重病，
浑身无力瘫痪了。

家具害虫有天牛、粉蠹、竹蠹、长蠹等，它们"武艺"高强，能啃、会钻，或全身滚动，在木、竹、藤器内部挖成无数纵横交错的坑道，像《地道战》里的"地道"一样，并在其中完成它们的幼虫发育（如天牛），或者安家落户、繁衍后代（如粉蠹）。它们背上像刺猬一样长满了小刺（如粉蠹、竹蠹和长蠹），并在木头里，边钻边滚，肆无忌惮。还能边蛀食边排泄，在蛀道里出现成堆的蛀食粉屑。令人烦恼的是坑道横七竖八，在家具外表很难看出破绽。被蛀家具轻则表面上有点点蛀孔影响美观，重则"瘫痪"而倒不能使用。

生宝宝

大森林，起火了，
黑吉丁虫快快跑。
跑到烧焦松树上，
生下可爱小宝宝。
宝宝生下饿不着，
烧焦松树像面包。

大多数昆虫在周围环境发生大火的时候都是尽快飞离逃生，但也有例外。松树黑吉丁虫就属于耐火并喜爱火的昆虫。在森林起火的时候，它们往往从很远处赶往火场，并在刚刚烧焦的松树上产卵，这样幼虫孵化出来之后就可以获得较丰富的生存资源，同时不会被松树的防卫机制（如松脂）杀死。这种昆虫能在1千米之外闻出一棵树起火的味道；如果一片树林起火，它能从几十千米之外闻出来。

看妈妈

蠼螋儿女回老家，

家里不见好妈妈。

原来妈妈太劳累，

送走儿女就死了。

在昆虫大家族里，有一种虫像鸟类一样，辛勤地抱窝孵蛋、喂养、照顾子女，直到子女能够独立生活以后，才肯放它们各自谋生。这种习性奇特、会孵蛋的虫名叫蠼螋。因为它的腹部末端长有一对坚硬的尾夹，所以，人们又叫它耳夹子虫。耳夹子虫婚配、孵卵，儿女出世后，雌虫将洞口打开，外出为孩子们寻食。小耳夹子虫长大后，才准许它们离开，各自独立生活。儿女们的翅膀硬了，远离母亲去生活了，可这时，雌耳夹子虫却繁育后代耗尽了心血，不久就死去了。在昆虫世界里，雌耳夹子虫真是一位少有的慈母。

不是乖娃娃

天牛不是乖娃娃，
钻进树心来住下。
调皮捣蛋干坏事，
害得树木生病啦。
啄木鸟，看不过，
小嘴一啄揪出它。

天牛俗称"锯树郎"，有牛劲，力气大，以植物的皮、花、芽、叶、花粉等为食，是林业上的大害虫。雌虫常把卵产在树干的裂缝里，待卵孵化后，幼虫钻入茎内或树心，穿凿洞穴，造成危害。天牛的幼虫为黄白色，肥长无脚，体形弯曲，是啄木鸟最爱吃的食物之一。

手足情深

椿象娃娃生下地，
一个一个不离去。
哥哥出生等姐姐，
姐姐出生等弟弟。
等到弟妹都出来，
你看我来我看你。
我们今天分别了，
手足情深别忘记。

人之有情，本属常情。昆虫亦有情，实为难得。一窝麻皮椿象幼虫，从卵壳里爬出来后，并不急于走开去觅食，因为它们在等待着所有兄弟姐妹的初次见面和团聚。凡先出世的幼虫，都会静静地守候在自己的卵壳旁，直到自己的弟妹们全部孵化出壳后，相依相伴集体环绕在卵壳周围走上几圈，仿佛在相互辨认自己的一奶同胞，牢记血脉之情，这才依依惜别，各奔前程。这种手足情深令人感慨万端。

瓢虫穿件花衣裳，
手拿话筒大声讲：
"小鸟儿，别吃我，
我的味道不好尝。
如果不信吃了我，
叫你三年饭不香。"

发警告

　　早在科学家发现瓢虫是益虫之前，它就已是我们喜爱的昆虫之一。它们有许多不同的种类，尽管有些黑色带红星的，但通常它们是红色或黄色带有黑星的。瓢虫身上的星数显示的是它的种类，而不是它的年龄。所有的瓢虫都有优于其他昆虫的一大长处：它们具有鲜明的颜色，并以此来警示鸟类与其他想吃他们的动物：它们的味道很不好。

找房子

象鼻虫妈妈，到处找房子。

找到榛子壳，妈妈笑咪咪。

开上一扇门，房子给孩子。

夏天到了，榛子成熟了。榛子壳很坚固，里面储藏着好吃的食物。对于象鼻虫的子女，这是一所很好的住宅。只是没有门可以进去，于是象鼻虫母亲开始做门了。象鼻虫的喙端长着两块颚片，这两块颚片非常小，可是很结实。这就是象鼻虫的工具。只见象鼻虫踮起脚来，低下头，喙端也就朝下落。它用后足牢牢地抓住榛子，同时用弯下的喙端拼命地顶着榛子壳。它就用这种费劲儿的姿势开始了工作。经过几个小时，顶出一个小洞，房门就做好了。但是它自己是进不去的，这是它为子女们精心营造的。接着，它把身子一转，臀部对向小洞，产卵器把未来的小"住户"送入榛子佳宅，而母亲又去寻找另一个榛子去了。

钻豆子

蚕豆象，绿豆象，

钻进豆子把身藏。

藏在豆内吃呀吃，

肠肠肚肚全吃光。

豆类虫也是甲虫。成虫颜色常呈灰黑色，而幼虫长得却白胖柔软，隐藏在豆粒内。一般蚕豆里出现的蛀虫为蚕豆象；赤豆、绿豆里的蛀虫多为绿豆象。家里豆类出现蛀虫，多是因为这些害虫早就在豆田里瞄准时机钻入豆荚，由豆携带入室的。如蚕豆象以成虫隐藏在蚕豆中或隐藏在仓库角落的缝隙内过冬，待翌年蚕豆开花时飞出来，到蚕豆开始结荚时便在荚上产卵，蚕豆收获时，幼虫早就潜伏在豆内。凡是被它们所蛀害的豆粒都很僵硬，严重的一粒豆内有虫数头，豆粒往往被蛀食一空，无法食用。

大姐当保安

瓢虫大姐披盔甲，

植物小妹喜欢它。

来到地里当保安，

蚜虫见了好害怕。

在人行道旁的绿篱丛中，房前屋后的庭园植物上，我们常常可以发现一些身披盔甲，色泽鲜艳，斑纹多彩，体呈半球形的小型昆虫，它们就是瓢虫，俗称"花大姐"。瓢虫是肉食性昆虫，主要捕食蚜虫、蚧壳虫等小型昆虫，是植物忠诚的铁甲卫士。

寻找父母

掉了队

毛虫出门吃叶子，
跟着爸爸和妈咪。
不小心，掉了队，
觉不睡，饭不吃。
找啊找啊找不见，
洒下颗颗小泪滴。

对群居的动物来说，孤独会使它们忧伤。生活在树林里的一种毛虫，总是成群结队地蚕食树叶，毛虫队伍中如果有任何一个掉队迷路，这条孤独的毛虫就会食欲不振，新陈代谢降低，不等长成成虫便会夭折。

晴雨计

蜣螂是个晴雨计，
给我预报好天气。
只要见它飞出来，
明天肯定不下雨。

　　蜣螂俗称屎壳郎，它的一个重要特点，就是可以作为晴雨计。蜣螂只在好天气出现之前飞翔。有的时候，整个白天都下雨，傍晚还是在下毛毛雨，天上乌云密布，而蜣螂却出来飞翔。结果，乌云散了，第二天早晨天气挺好。蜣螂活得很久，整个夏天都可以以它作为晴雨计。